U0377752

TURING 图灵电子与电气工程丛书

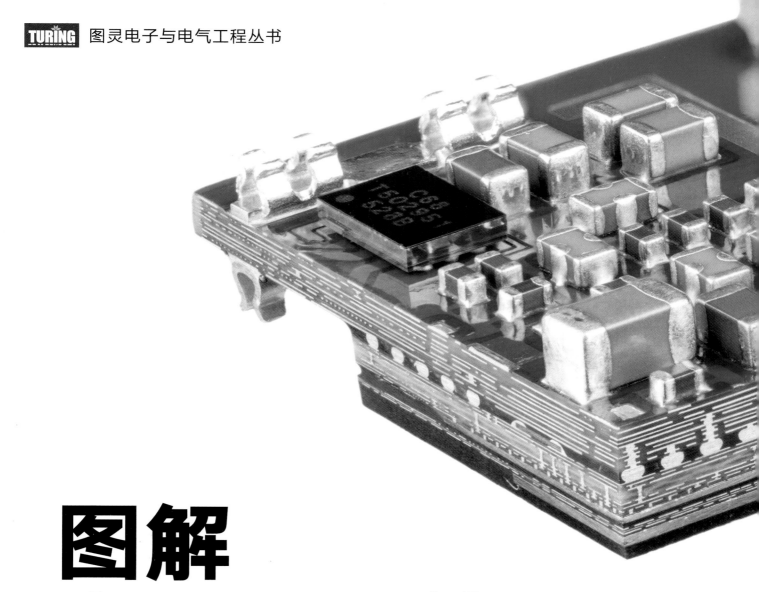

图解
电子元器件

OPEN CIRCUITS The Inner Beauty of Electronic Components

[美] 埃里克·斯莱普菲尔（Eric Schlaepfer） 温德尔·H.奥斯卡伊（Windell H. Oskay）◎ 著
小西设计所 林西 ◎ 译

人民邮电出版社

北　京

图书在版编目（CIP）数据

图解电子元器件 / （美）埃里克·斯莱普菲尔
(Eric Schlaepfer)，（美）温德尔·H. 奥斯卡伊
(Windell H. Oskay) 著；小西设计所，林西译. -- 北
京 ： 人民邮电出版社，2023.2
　（图灵电子与电气工程丛书）
　ISBN 978-7-115-60508-5

Ⅰ．①图… Ⅱ．①埃… ②温… ③小… ④林… Ⅲ.
①电子元器件一图解 Ⅳ. ①TN6-64

中国版本图书馆CIP数据核字(2022)第231791号

内 容 提 要

我们每日用的智能手机、计算机和各种电器由数百个甚至数千个内部组件组成，每一个组件都经过精确设计。这些小小的组件隐藏在设备内部，兢兢业业地执行着自己的任务。本书的目的就是为你揭开隐秘的硬件内在美。作者用精美的实拍细节图和精简的文字展示了130余种常用电子元器件和电子产品的原理之巧和结构之美，让你在享受视觉盛宴的过程中，自然而然地掌握晶体管、传感器、开关、电机、集成电路、智能手机摄像头等各类硬件的工作原理。作者利用罕见的剖面视角，结合示意图，让各个电子元器件的工作原理一目了然。

本书适合电子发烧友、电子电气从业者、理工科学生，以及所有对电子学感兴趣的人阅读和欣赏。

◆ 著　　　　[美] 埃里克·斯莱普菲尔　温德尔·H. 奥斯卡伊
　　译　　　　小西设计所　林西
　　责任编辑　赵　轩
　　责任印制　彭志环

◆ 人民邮电出版社出版发行　　北京市丰台区成寿寺路11号
　　邮编　100164　　电子邮件　315@ptpress.com.cn
　　网址　https://www.ptpress.com.cn
　　北京富诚彩色印刷有限公司印刷

◆ 开本：889×1194　1/16
　　印张：17.75　　　　　　　　2023年2月第1版
　　字数：220千字　　　　　　2023年2月北京第1次印刷
　　著作权合同登记号　图字：01-2022-4736号

定价：199.00元
读者服务热线：(010)84084456-6009　印装质量热线：(010)81055316
反盗版热线：(010)81055315
广告经营许可证：京东市监广登字 20170147 号

版权声明

致谢

特别感谢以下人员在本书创作过程中提供的帮助：

John McMaster、Ben Wojtowicz、Ken Sumrall、Greg Schlaepfer、Ken Shirriff、Jesse Vincent、Brian Benchoff、Philip Freidin 和 Lenore Edman。

作者简介

埃里克·斯莱普菲尔（Eric Schlaepfer）是谷歌公司的硬件工程师，精通各类电子元器件，尤其擅长集成电路逆向工程。他在社交媒体上分享各类电子元器件的图片和知识，没想到得到了大量硬件爱好者的关注。他最引以为傲的是他发起的 MOnSter 6502 项目，用全分立器件完美复刻了传奇芯片 MOS 6502 的功能。

温德尔·H. 奥斯卡伊（Windell H. Oskay）是一位硬件工程师和科普作家，其代表作为 *The Annotated Build-It-Yourself Science Laboratory*，也是"Evil Mad Scientist Laboratories"（疯狂科学实验室）项目的发起者之一。

技术审校简介

肯·施瑞夫（Ken Shirriff）担任本书的技术审校。他长久专注于让老旧计算机"起死回生"，并将这一神奇的过程以博客形式与同好分享。肯不仅是一位计算机科学专业博士、谷歌的天才程序员，他还有 20 项科技专利。

译者简介

林西，在北京外国语大学获得土耳其语和国际新闻与传播双学位，后于伦敦威斯敏斯特大学继续学习传播。毕业之后创立"小西设计所"，钻研与分享硬件拆解与装裱艺术，是 bilibili 科技区人气 up 主，曾被超过数十家媒体报道，雷军、刘润等前辈也对这一创新予以高度评价。

电子元器件微观之美

杨振宁先生常引用"秋水文章不染尘"一句来描述学问之美。杨先生是大师，他对科学结构美的鉴赏当然有常人所不可及的深度和厚度。对大多数人来说，对科学的欣赏来自视觉感受：一幅物理图像、一列物理公式，再加上对称、简洁的视觉元素，便可将科学之美提升到与诸多艺术之美比肩的高度。

如今人类世界中无处不在的电子元器件，包括无源器件、半导体器件等，都有其理论模型和实际模型。理论模型过于冰冷，而实际模型过于实用。很多工程师在运用和设计电子元器件的时候，以及在设计原理图和印刷电路板的时候，除了追求实用价值，也同样追求电路设计本身的美感。

电子元器件的理论模型虽然是极简的，但是实现电子元器件是一个复杂的过程。即使是最简单的电阻器或者线缆，为了达成一些特性指标，内部构造也是极其复杂的。比如一个普通得不能再普通的电阻器，虽然从宏观上看是个圆柱体，但是为了逼近其理想的物理属性，其微观层面是运用了多种材料交织构建的复杂结构。

本书透过微观视角，带领大家走进了电子元器件的奇妙世界，在这里你将了解各式各样电子元器件的物理原理和实现方法，让你大开眼界。不管你是电子发烧友，还是刚刚入门电气工程专业的学生，这本书都值得你欣赏与珍藏。

朱晓明
"硬件十万个为什么"创始人

译者序

两年前，偶然的机缘让我开创了自己的事业——"小西设计所"，在这700多天里，我整日与各类电器元件对话，沉浸于硬件之美。至今，我大概拆解与装裱了5000多部手机、1000多台相机、100多台笔记本计算机。让我万万没想到的是，后来我的硬件装裱作品被雷军老师签名转发，也被数十家媒体采访报道。

电路板通常使用沉金或沉铜工艺，这种工艺本身就具有十足的艺术感，其上搭载由电阻、电容、二极管、变压器、回转器组成的各式电器元件后，纵横交错的布局犹如神秘的赛博城市，呈现出独特的美，给予设计师无尽的想象空间，更让人不禁惊叹人类的智慧。因此当我收到出版社翻译邀约的时候，我真想说："你找对人了。"

在开始这本书的翻译工作之前，我很有信心，毕竟算得上"专业人士"，但刚翻到英文原书的第一页，撸起袖子开始翻译这本漂亮的图鉴时，我才发现事情并不简单。万万没想到，光是书名的翻译就有不少说法。Electronic Components在电气行业中有很多表达，并且在实际应用中也没有特别明确的说法，比如元件、器件、元器件、电子元器件等。经过和编辑的几次讨论后，我们决定以科学出版社的《英汉电子信息科学与技术词汇》为参考，结合广大从业者及爱好者的习惯，在书名中使用"电子元器件"这个宽泛的表达，而在正文中，我会酌情使用"电子元件"或简写为"元件"，希望大家不会被其困扰。翻译图书是一件既劳累又令人兴奋的工作，每一个名词的考证，每一句译文的斟酌，都要花费不少的精力，但从中温故知新又给人源源不断的动力与成就感。我还得到了众多专业人士的帮助，整个翻译过程愉快而顺利。

人类生活在当今这样一个由电子电路所覆盖的星球上，通过这本漂亮的图鉴，你可以更加深刻地了解这个微观世界内部的原理，甚至像我一样，因对它的痴迷而将其作为自己的事业。那么，我们现在就出发吧，跟小西一起畅游奇妙的电子元器件世界！

小西设计所 林西

2022年12月

目录

前言

"形式永远服从功能。"

我们把严丝合缝的手机捧在手中，就像捧着经过冰凉的泉水打磨过的石头。它们给人的感觉很舒服。一款手机看起来比另一款更好，不是因为它的技术更优秀，而是因为它的观感更好。这是设计使然。这就是设计。工业设计师、工程师和艺术家花费数不清的时间调整每条曲线，以及颜色和纹理。好的设计会与我们的身体感官产生共鸣。

然而你知道吗？每一件电子设备的每一个组成部分——**电子元件**——也都经过了设计。许多电子元件本身就是由更小的部件组成的，每个部件都是无数小时工程设计的结晶。

在本书中，我们将近距离观察一些有趣的电子元件，并且我们将了解三件事：它是如何工作的，它是如何制造的，以及它是如何使用的。

有时，最平凡的元件蕴含令人惊讶的艺术性和复杂性。一块不起眼的岩石，被地质学家的锤子敲碎，露出了闪耀着矿物光芒的晶洞。本书就是彻底的破坏之旅。为了揭开电子设备中的秘密，我们用上了锯子、砂纸、溶剂、抛光轮、端铣刀，甚至是木匠的锤子。

对工程师而言，一个电子元件由三部分组成：**接口**、**工作区**和**封装**。接口将元件以电气和机械方式连接到电路中，就像连接线和安装孔一样。工作区使元件发挥作用。例如，晶体管中有硅掺杂区可以放大信号。封装提供结构支撑、环境保护和外观。

将电子元件视为这三个部分的总和，可以提供一种实用的视角来理解其技术设计。与接口和封装相比，工作区通常小得多。这在很多情况下是完全合理的，比如当你想制作一个微小（沙粒大小）的发光二极管时。

而对于美学设计的考虑完全是另一回事。设计师和艺术家团队可以在消费电子产品的外观上大胆发挥想象，但对其内部的元件无能为力。普通人很少有机会看到手机内部部件的样子。

在本书中你将看到导线、电阻器、电容器和芯片怎样经过精心设计，满足特定的技术需求，包括精度、可用性和成本，并呈现出意想不到的美感。

注：在实际应用中，人们常将元件、器件、元器件统称为"元器件"，本书结合广大从业者与电子发烧友的习惯，将书名翻译为"电子元器件"，而在正文中，我们会酌情使用"电子元件"或"元件"，希望大家不会产生困惑。

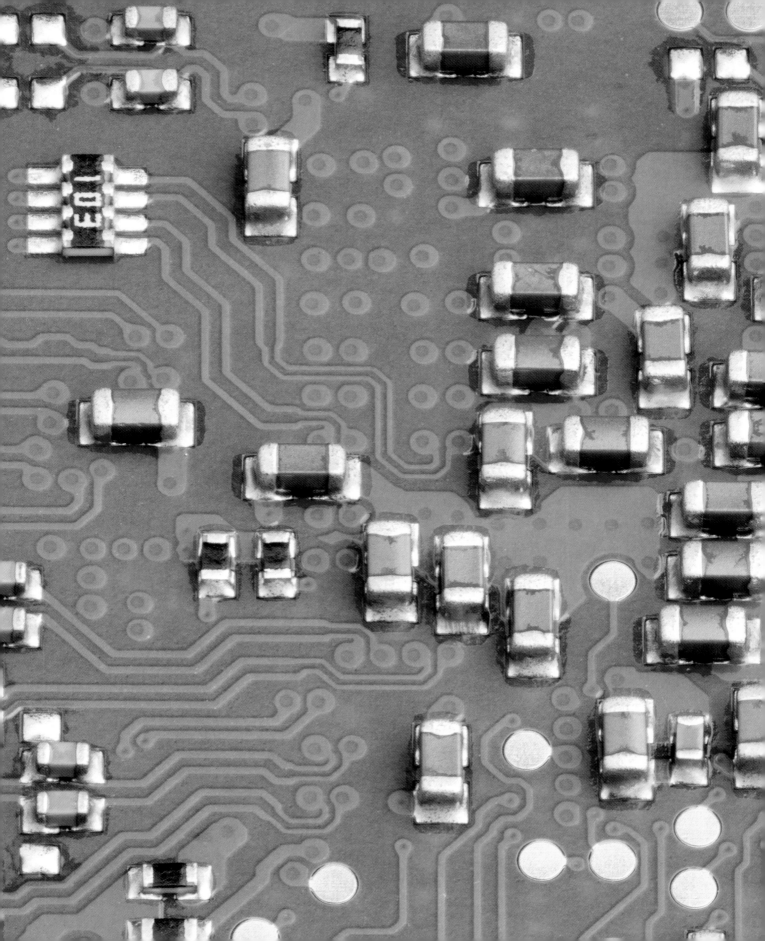

1

无源元件

　　电阻器、电容器和电感器是几乎所有电子器件中的基本组成部分，也是常见的**无源元件**。无源元件是一类不给电路增加能量的元件。相反，它们以某种方式消耗、储存或转换能量。它们是最多样化且最显眼的元件，装饰有条纹、圆点、光滑涂层和神秘的标签。

32 kHz 石英晶体

石英腕表的深处有一个微小的音叉，由闪闪发光的石英晶体切割而成，可让腕表准时运行。音叉表面镀有镜面电极，并用坚固的金属管加以保护。

音乐家使用的音叉振动频率为 440 赫兹（Hz）。不过，这种石英音叉的共振频率已超出人类的听觉范围，被精确调谐到 32 768 Hz。（将 32 768 Hz 不断除以 2，最终会得到 1 Hz。）

石英具有**压电性**：当施加电压时它会轻微弯曲，在弯曲时它也会产生电压。手表电路向电极施加微小的电压，使石英在其谐振频率下弯曲和发声。在此过程中，它会产生一个振荡电压。每一秒，一个数字电路会计算 32 768 次振荡，然后驱动秒针前进一秒。

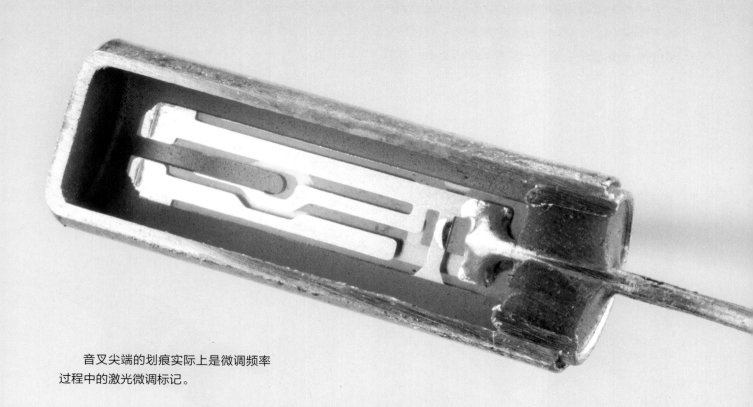

音叉尖端的划痕实际上是微调频率过程中的激光微调标记。

碳膜电阻器

电阻器是控制或限制电流的器件。电路中需要控制电流量的地方就会使用电阻器。日常生活中，在家电和玩具等成本比精度或尺寸更重要的电子设备中，就会使用这样的**碳膜电阻器**。

碳膜电阻器由陶瓷棒制成，陶瓷棒上涂有一层薄薄的碳膜，能以一定的电阻导电。在碳膜上切出一条螺旋槽，留下一条狭长的碳路径，从陶

瓷棒的一端螺旋延伸到另一端。金属帽压接在两端，并连上引线。然后将电阻器浸入保护涂层中，涂上带颜色编码的条纹以指示其电阻值。

这种形状的电阻器称为**轴向通孔电阻器**，意思是它们有沿着电阻器对称轴排列的引线（穿过电路板上的通孔）。

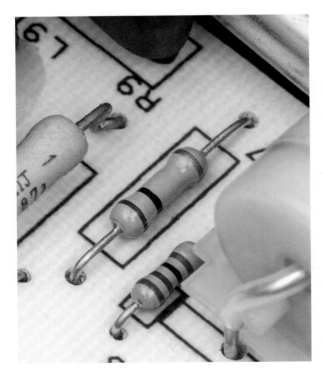

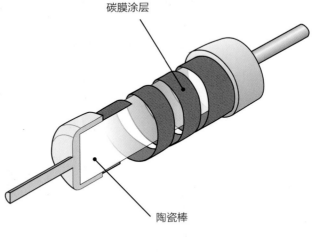

碳膜涂层

陶瓷棒

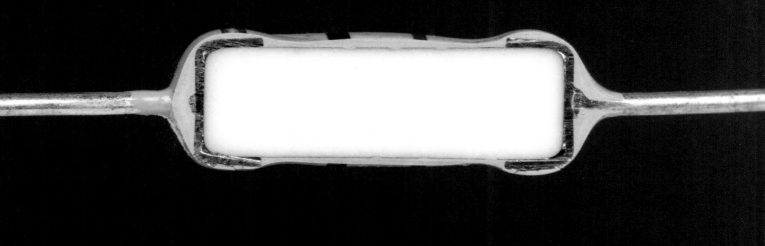

碳膜相对较薄。从横截面可以看到，螺旋槽在陶瓷棒中仅呈现为凹痕形式。

去除保护涂层后，可以清楚地看到螺旋槽。

高稳定性薄膜电阻器

高稳定性薄膜电阻器直径约 4 毫米，制造方法与便宜的碳膜电阻器大致相同，但精度非常高。在陶瓷棒上涂上一层薄薄的电阻膜（薄金属、金属氧化物或碳），然后在膜上加工出一条完美均匀的螺旋槽。

该电阻器没有涂上环氧树脂，而是密封在一个有光泽的小玻璃封套中。这使得电阻器更加坚固，非常适合精密基准仪器，在这些仪器中电阻器的长期稳定性至关重要。与环氧树脂等标准涂层相比，玻璃外壳可以更好地隔离湿气和环境变化。

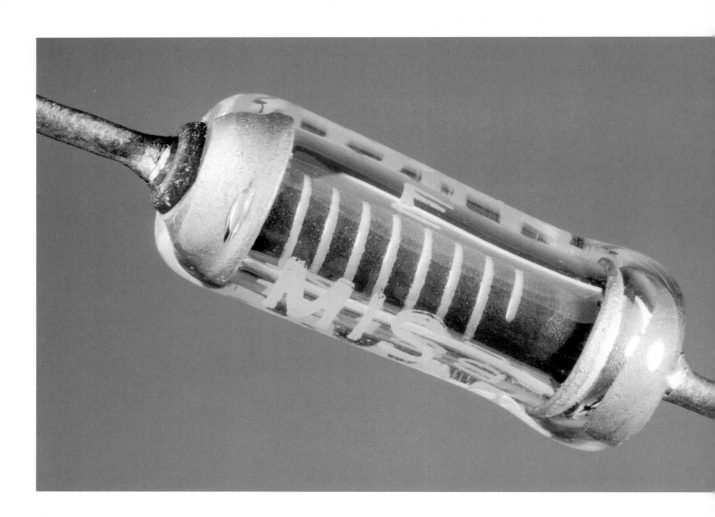

线绕功率电阻器

当电流流过电阻器时，电阻器将一定量的电能转化为热能。大多数通用电阻器几乎没有散热能力，因为它们不能承受高温，这限制了它们可以承受的功率。

像这样的**功率电阻器**在制作时没有使用焊料或环氧树脂等限温材料，因此能够承受更大的功率。一些电源使用功率电阻器来限制电流冲击，使用缠绕在绝缘芯上的电阻金属线作为有源元件。电阻组件置于耐热陶瓷外壳中并填充水泥浆。

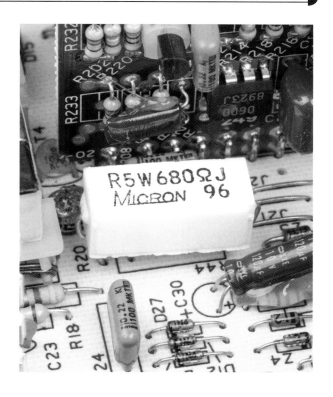

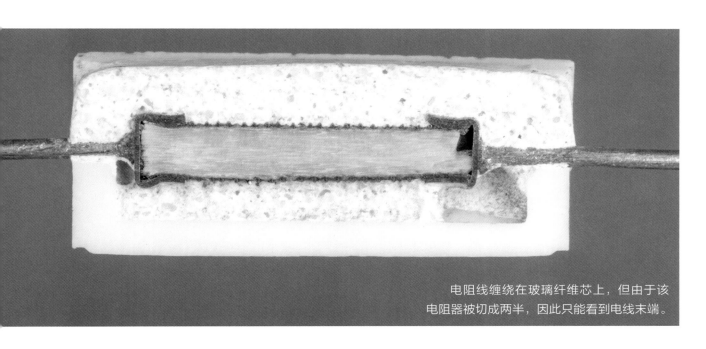

电阻线缠绕在玻璃纤维芯上，但由于该电阻器被切成两半，因此只能看到电线末端。

厚膜电阻器阵列

许多电路需要使用多个相同的电阻器。例如，数字数据总线可能需要与每条数据线串联一个**终端电阻器**，或者微控制器上的每个 I/O 引脚可能在引脚和地之间需要一个**下拉电阻器**。电阻器阵列由以单一元件形式制造的多个电阻器组成。

下图显示的是**厚膜阵列**，该名称源于其制造技术，该技术使用丝网印刷的导电性和电阻性膜，像陶器釉料一样烧制到陶瓷基板上。

安装和焊接金属引脚后，用激光烧掉部分电阻材料，以微调每个电阻器，使其符合其正确的规格。最后，将阵列浸入环氧树脂涂层中进行保护。

这是一个单列直插式电阻器阵列（行业中被称为 SIL），所有引线脚排成一条直线。它有 4 个互不相连的独立电阻器。

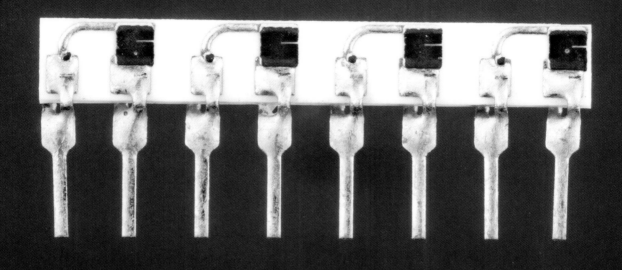

绿色电阻材料中的直线割缝标记了微调激光的路径。

表面贴装片式电阻器

当今最常见的分立电阻器是**厚膜表面贴装电阻器**，也叫**片式电阻器**，因为它们采用整齐的矩形封装，没有引线。全世界每年会生产数十亿件片式电阻器，在各种电子产品中都可以找到。

右图是**表面贴装**电阻器，它们被直接焊接到电路板表面，而不是焊接到穿过电路板上的孔的引线上。它们的构造很像厚膜阵列上的电阻器，包括激光微调。

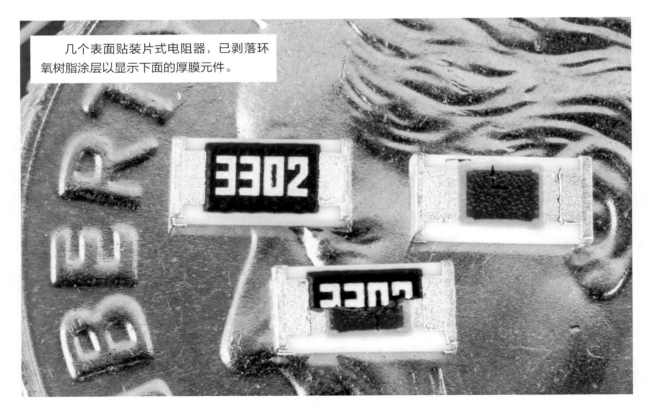

几个表面贴装片式电阻器，已剥落环氧树脂涂层以显示下面的厚膜元件。

薄膜电阻器阵列

薄膜电阻器（例如下图阵列中的 8 个）是通过将图案蚀刻到溅射（真空沉积）金属氧化物或金属陶瓷（陶瓷 – 金属复合材料）的超薄层中制造而成的精密器件。当电路需要精确匹配或校准的电阻器时，例如用于科学或医疗设备，就会使用薄膜电阻器阵列。

电阻材料的每条蛇形轨迹都分为几个区域，可以通过激光微调来微调电阻值，从而提高精确度。

每个电阻器末端的焊球端子用于将该阵列直接焊接到电路板上。

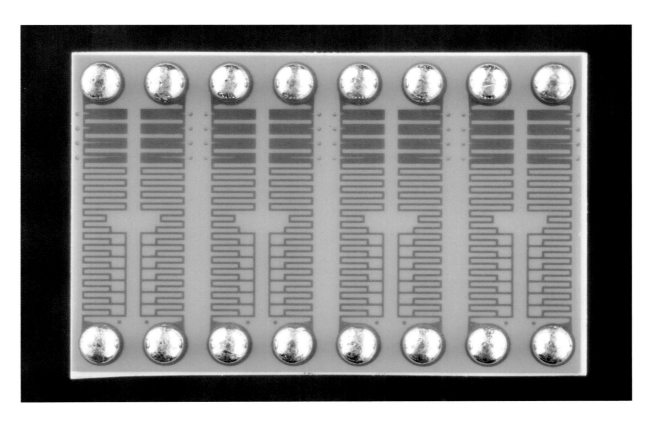

线绕电位计

电位计(也叫 POT)是一种可调节的电阻器。从实验室仪器到吉他音箱，任何需要转动旋钮来调整设置的设备，都可以使用电位计作为面板控制旋钮。

这种大型电位计是用电阻丝缠绕在陶瓷上制成的，这是一种古老的设计，自 1925 年以来基本未变，这种电位计至今仍在生产。

两个端子连接到电阻线的两端，第三个端子连接到一个弹簧加压的触点，称为接帚。接帚接触导线绕组，形成可通过旋转轴来移动的电气连接。

随着接帚远离或移向端子，接帚和端子之间的电阻会增大或减小，因为电流必须流过不同数量的电阻线。音箱电路可将这种变化的电阻转换为更大的音量，或者电热板可将其解释为温度设定点。

标准电位计的接帚可以在另两个
固定端子之间旋转 2/3 到 3/4 圈。

缠绕的电线大部分被搪瓷覆盖，
类似于陶釉。只有接触接帚的表面具
有裸露的电线。

微调电位计

　　微调电位计的设计是为了初始校准和尽量减少调节，用于需要在出厂时或由维修人员进行微调的精密电子设备。微调电位计通常只能进行几百次调节。

　　下图中的彩色微调电位计具有马蹄形电阻性金属陶瓷薄膜型材，而不是一个线圈。可以使用塑料调节工具或螺丝刀，从外部转动黄色塑料转子。在内部，转子移动一个用作接帚的柔性金属弹簧，将中心端子连接到电阻性金属陶瓷薄膜，从而改变中心端子与其他两个端子之间的电阻。

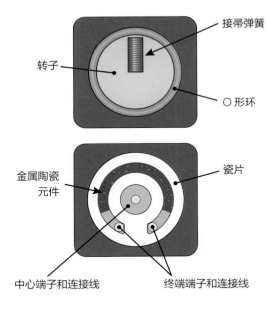

转子下方的橙色 O 形环可隔绝灰尘和碎屑，并在调节后提供摩擦力，从而将转子保持在原位。

15 圈微调电位计

将 15 圈微调电位计从其电阻范围的一端移动到另一端需要将调节螺钉旋转 15 圈。需要通过高精度控制进行调节的电路会使用这种类型的微调电位计，而不是单圈类型的电位计。

该微调电位计中的电阻元件是一个在白色陶瓷基板上丝网印刷的金属陶瓷片。丝网印刷的金属将陶瓷片的每一端连接到连接线。它是单圈微调电位计中马蹄形电阻元件的扁平、线性版本。

旋转调节螺钉可以沿一条轨道移动塑料滑块。接帚是一种连接到滑块的**弹簧夹**，这是一种弹簧加压的金属触点。它使金属片与电阻膜片上的选定点接触。

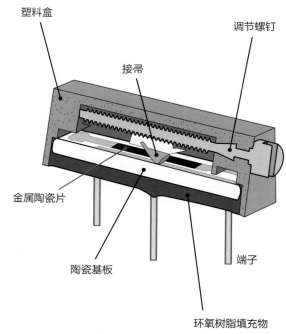

塑料盒

接帚

调节螺钉

金属陶瓷片

陶瓷基板

端子

环氧树脂填充物

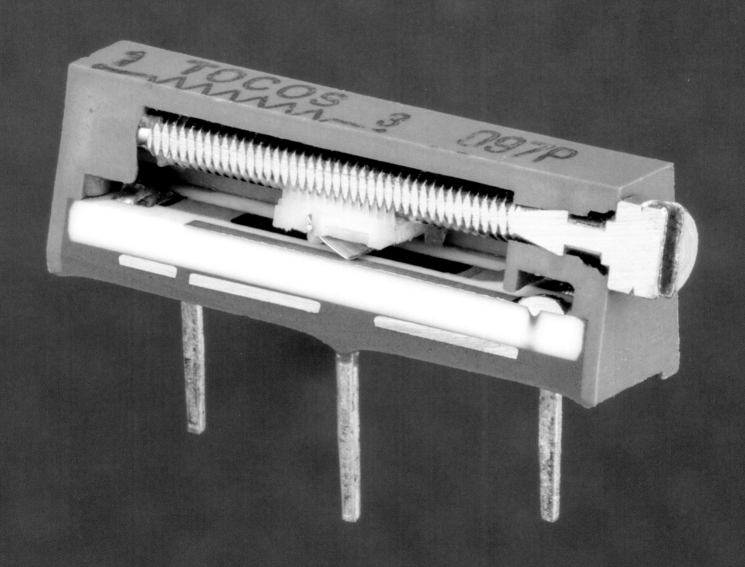

虽然从器件外面看并不明显，但调节螺钉与元件的所有 3 个引脚都是电气绝缘的。

10 圈电位计

10 圈电位计很像线绕电位计，但它的调节范围是 10 整圈而不是一圈不到。这是一种专用器件，偶尔会在需要高调节精度的敏感仪器上用作输入旋钮。

10 圈电位计上的接帚与一个螺旋轨道保持连续接触，随着轴的旋转向上或向下移动。该轨道由紧紧缠绕在绝缘铜模板上的电阻性导线组成。导线末端连接到两个端子。

接帚和第三个端子通过一根与轴一起旋转的垂直黄铜片相连。当接帚上下移动时，它通过弹簧夹与黄铜片保持接触。另一个弹簧夹在黄铜片旋转时保持黄铜片与第三个端子接触。

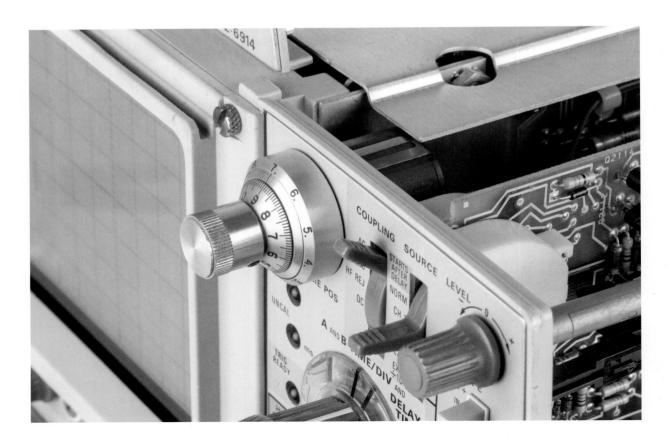

这个电位计的主体中填入了透明树脂，以便在切开时固定住内容物。

瓷片电容器

电容器是以静电形式存储能量的基本电子元件。它们有无数种使用方式，包括用于大容量能量存储、平滑电子信号以及计算机存储单元。最简单的电容器由两块间隔开的平行金属板组成，但电容器可以有多种形式，只要有两个由绝缘体隔开的导电表面（称为**电极**）就可以称为电容器。

瓷片电容器成本很低，常见于家电和玩具中。它的绝缘体是一个瓷片，它的两块平行金属板是极薄的金属涂层，它们被蒸发或溅射到瓷片的外表面。连接线通过焊料连接，整个组件浸入一种多孔涂层材料，这种材料干燥后会变硬，可保护电容器免受损坏。

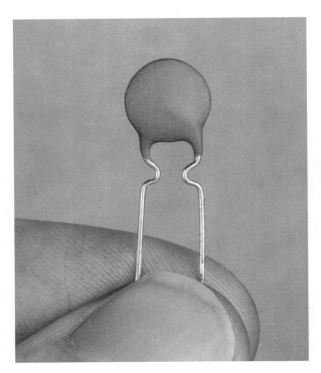

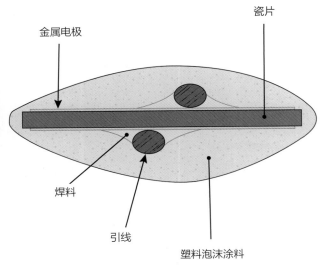

金属电极

瓷片

焊料

引线

塑料泡沫涂料

瓷片表面的金属层非常薄，
在横截面中很难看到。

玻璃电容器

电容器的**电容**指的是它在给定电压下可以储存多少电荷，它还取决于导电板的表面积、它们之间的距离以及它们之间使用的绝缘体类型。该绝缘体被称为**电介质**。虽然几乎任何绝缘体（甚至空气）都可用作电介质，但某些材料的电容比空气间隙提供的要大得多。

这种玻璃封装电容器具有多组相互交错的铝箔板。这种分层排列增加了可用表面积和电容。薄薄的玻璃层是极好的绝缘体，可以用作电介质。

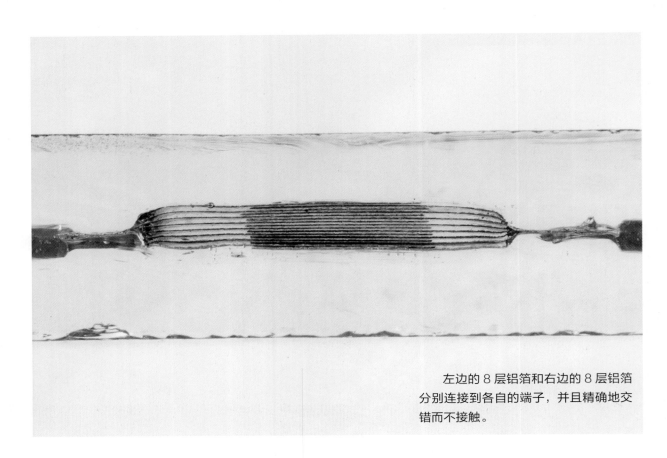

左边的 8 层铝箔和右边的 8 层铝箔分别连接到各自的端子，并且精确地交错而不接触。

为了坚固，箔层之间使用的同种玻璃也用作器件的外包装，厚度约为 5 毫米。

多层陶瓷电容器

多层陶瓷电容器（MLCC）是当今世界生产得最多的单一分立电子元件之一；一部智能手机中可能就包含数百个，其中大部分用于确保电路中不同点的电源稳定性。

MLCC 属于表面贴装**片式电容器**，由交错的沉积金属层组成，各层之间使用专用的陶瓷隔开。

下图的横截面中显示的电容器长 1.5 毫米，有 5 个交错的金属层，其中两层连接到一个端子，3 层连接到另一个端子。其他具有不同特性的 MLCC 在相同大小的器件中可能有数千层。

MLCC 的颜色主要取决于所用陶瓷的等级。这个电容器由称为 C0G 的高稳定性陶瓷制成。

铝电解电容器

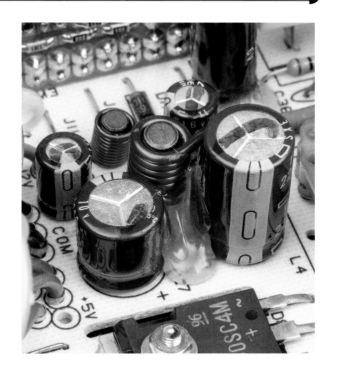

铝电解电容器将大量电容装入一个小空间，在电源中很常见。外部金属罐中装满电解液——一种导电液体。这种液体本身充当电容器的一个导电表面。另一个表面是浸没在液体中的一个长而薄的卷曲铝箔片。

铝箔经过阳极氧化，在其表面生成一层氧化铝，充当铝箔与电解液之间的电介质。第二个卷曲的铝箔片与第一个用纸绝缘体隔开，用作将电解液连接到引线的端子。

在阳极氧化之前，会对铝箔进行蚀刻以显著增加其表面积，从而增加其电容。

薄膜电容器

薄膜**电容器**常见于高品质音频设备，例如耳机放大器、电唱机、图形均衡器和收音机调谐器。它们的主要特点在于介电材料是塑料薄膜，例如聚酯或聚丙烯。

下图中的薄膜电容器的金属电极通过真空沉积在长条形塑料薄膜的表面。连接引线后，将薄膜卷起并浸入环氧树脂中，这种树脂将组件粘在一起。然后将完成的组件浸入坚韧的外涂层中并标上电容值。

其他一些类型的薄膜电容器通过堆叠扁平的金属化塑料薄膜层制成，而不是卷起薄膜层。

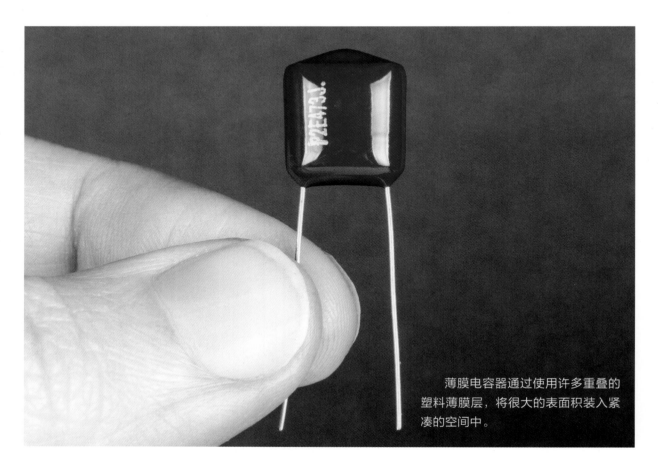

薄膜电容器通过使用许多重叠的塑料薄膜层，将很大的表面积装入紧凑的空间中。

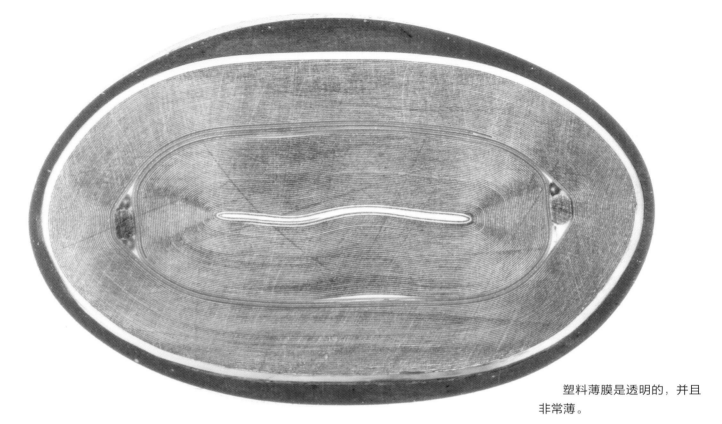

塑料薄膜是透明的，并且
非常薄。

浸钽电容器

这种电容器的核心是一个多孔的钽金属球。这个金属球由钽粉制成，钽粉在高温下烧结或压缩成致密的海绵状固体。

就像海绵百洁布一样，制成的金属球的单位表面积很大。对金属球进行阳极氧化处理，可以形成具有同样大表面积的绝缘氧化层。这个过程使用海绵状几何结构而不是大多数其他电容器所使用的堆叠或卷曲层，将大量电容封装到紧凑的器件中。

元件的正极端子或**阳极**直接连接到钽金属。负极端子或**阴极**由覆盖在金属球上的一层薄薄的导电二氧化锰涂层形成。

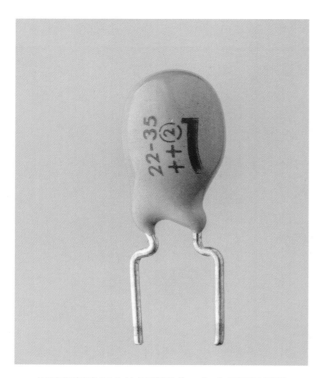

浸渍塑料涂层上的标签用"++"表示阳极引线。

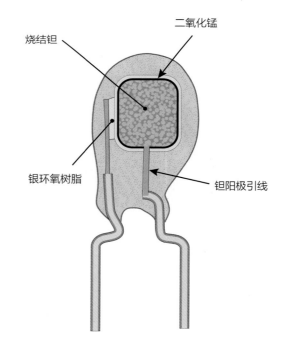

二氧化锰

烧结钽

银环氧树脂

钽阳极引线

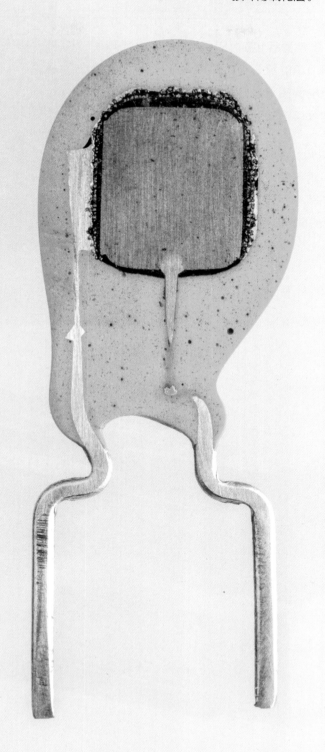

反向连接钽电容器会引起化学变化，损坏薄氧化层。

聚合物钽片式电容器

聚合物钽片式电容器与浸钽电容器密切相关。它们同样基于具有大表面积的氧化钽金属球。金属球上涂有导电聚合物电解质，该电解质流入其所有不规则处。碳和银膏层将聚合物连接到阴极端子。

元件封装在模压环氧树脂外壳中。它具有镀锡端子，用于焊接到电路板。作为极化器件，它标有电容值和指示阳极的标记。

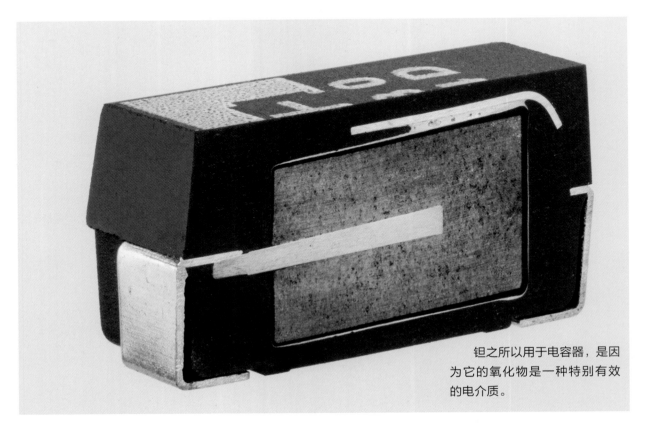

钽之所以用于电容器，是因为它的氧化物是一种特别有效的电介质。

聚合物铝片式电容器

聚合物铝片式电容器源自标准电解电容器，但它们的内部和外部看起来完全不同。

蚀刻和氧化的铝箔平放并粘在一起，而不是卷起。这种电容器使用导电聚合物作为阴极，而不是电解液。

这种新型电容器常见于智能手机、平板计算机和笔记本计算机中。它大受欢迎的部分原因在于它比较薄，安装方便。

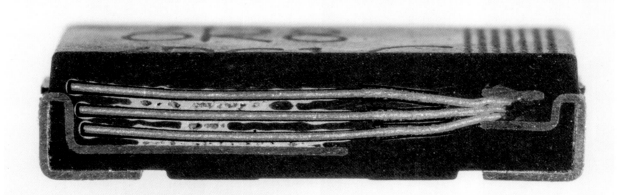

在涂有聚合物的铝箔和阴极端子之间，通过黑色的导电碳膏和银环氧树脂层建立电气连接。

轴向电感器

电感器是以磁场形式存储能量的基本电子元件。例如在某些类型的电源中，使用它们通过交替存储和释放能量来在不同电压之间转换。这种节能设计有助于最大限度地延长手机和其他便携式电子产品的电池续航。

电感器通常有一卷绝缘导线，它缠绕在磁性材料（如铁或**铁氧体**）制成的芯棒周围。铁氧体是一种填充了氧化铁的陶瓷。在芯棒周围流动的

电流会产生一个磁场，这个磁场就像是电流的调速轮，在电流流经电感器时平滑电流的变化。

这种轴向电感器具有多圈涂漆铜线，缠绕在一个铁氧体周围并焊接到其两端的铜引线上。它有几层保护：线圈上的透明清漆，焊点周围的浅绿色涂层，最外面还有一层醒目的绿色涂层保护整个元件，并为表示其**电感**值的彩色条纹提供一个界面。

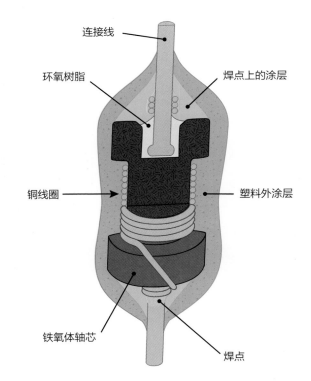

连接线

环氧树脂

焊点上的涂层

铜线圈

塑料外涂层

铁氧体轴芯

焊点

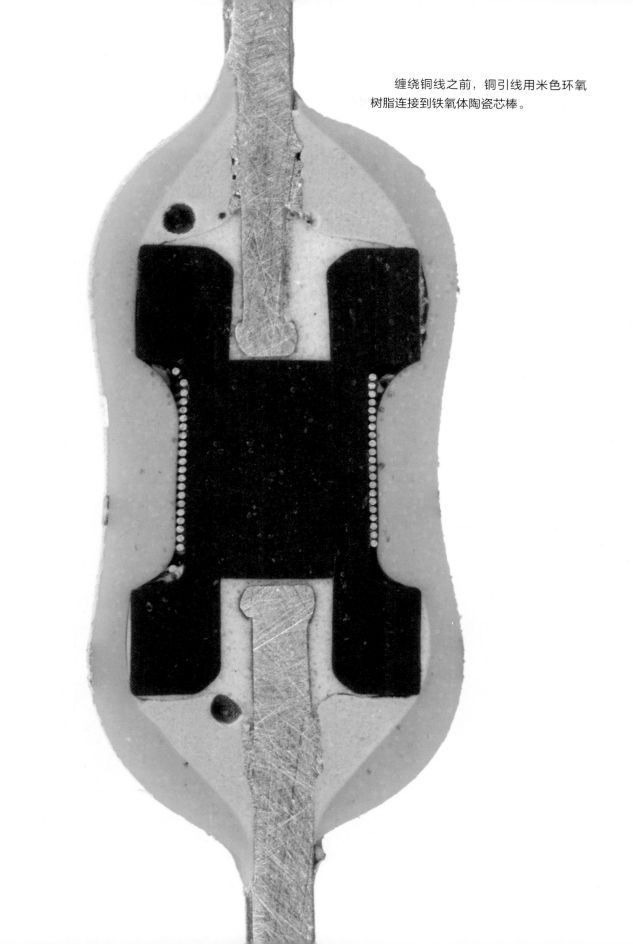

缠绕铜线之前，铜引线用米色环氧
树脂连接到铁氧体陶瓷芯棒。

表面贴装电感器

这种表面贴装电感器只有 5 毫米宽，设计紧凑、价格低廉且易于使用自动化设备焊接，在手机、平板计算机和笔记本计算机中大量使用。

轴向电感器的引线穿过电路板，而表面贴装电感器的端子直接位于电路顶部以便焊接。

这种电感器将称为**磁线**的细卷漆包铜线缠绕在铁氧体陶瓷轴芯上。组装好的磁芯放置在另一块铁氧体中，以屏蔽杂散磁场。

小型铁氧体磁芯电感器通常在 DC–DC 电压转换器中用作电流"调速轮"。

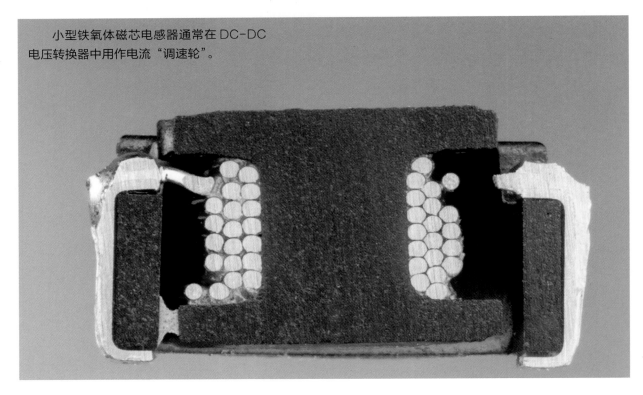

烧结铁氧体电感器

这种电感器约 6 毫米宽，只有两圈铜线。虽然我们看不到，但线圈的两端连接到左右两侧的铜端子上。

与其他表面贴装电感器不同，这种电感器的铜线圈似乎悬浮在固体铁氧体内部，好像施加了魔法一样。它通过烧结工艺制成：将细铁氧体粉末压缩成围绕线圈的最终形状。仔细观察，可以发现由于烧结工艺，铜线圈被相互推挤并略微变形。

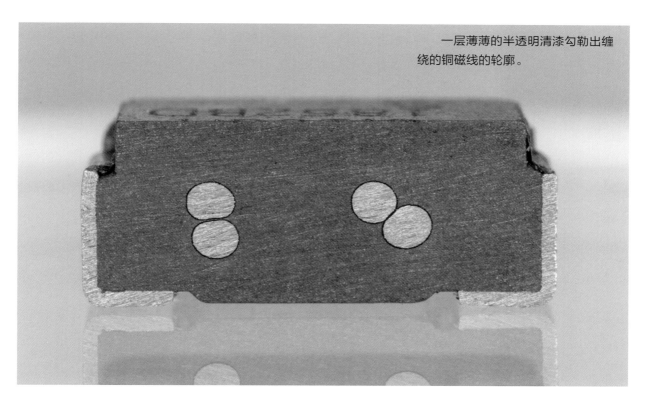

一层薄薄的半透明清漆勾勒出缠绕的铜磁线的轮廓。

铁氧体磁珠

乍一看，这个元件完全不像个电感器。电线圈在哪里？事实上，即使是一根有电流流过的笔直导线也会产生磁场。围绕在这根导线周围的**铁氧体磁珠**只会稍微增加电感。

铁氧体磁珠可用于阻止杂散的无线电波从一个电子器件逃逸并干扰另一个电子器件。它们还用于过滤敏感芯片的电源连接，或防止电噪声芯片干扰电路板上的其他芯片。

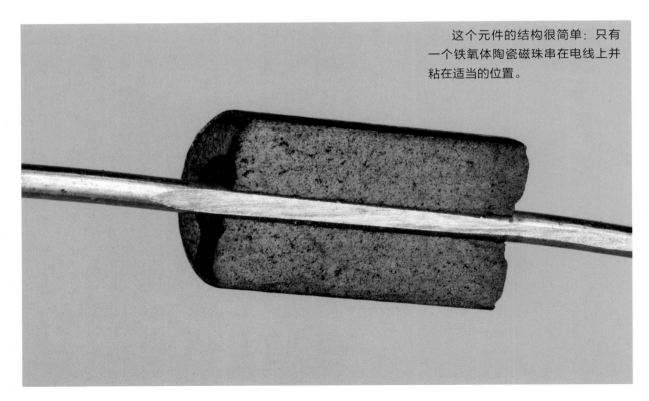

这个元件的结构很简单：只有一个铁氧体陶瓷磁珠串在电线上并粘在适当的位置。

三端滤波电容器

这个看起来很奇怪的元件结合了两个电感器和一个电容器。一根铜线穿过两个铁氧体磁珠。在磁珠之间，陶瓷电容器的一侧焊接到引线上。另一根引线焊接到电容器的另一侧，形成器件的第三个端子。

这些部分一起发挥滤波器的作用，可以防止杂散的无线电波在电子器件外传播，干扰电视或Wi-Fi信号。因此，我们可以在连接到外部世界的接头旁边的电路板上找到这些器件。

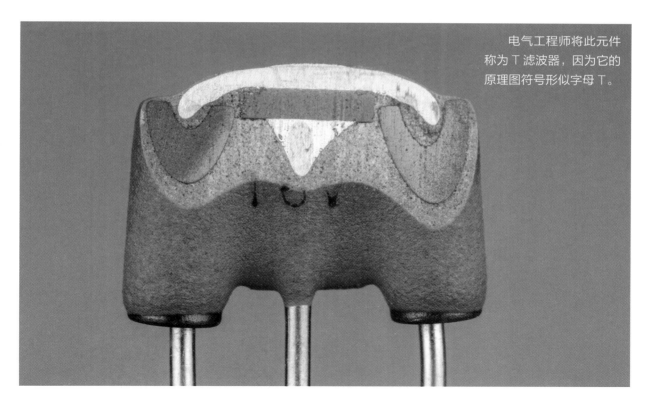

电气工程师将此元件称为 T 滤波器，因为它的原理图符号形似字母 T。

环形变压器

变压器是一种绕有多个线圈的电感器。环形变压器的线圈缠绕在环形铁氧体磁芯上。

流过电线的电流会产生磁场。同样，变化的磁场也会在附近的电线中产生电流。因此，当多个线圈缠绕在一个磁芯上时，改变一根电线中的电流就会改变磁场，从而引起其他电线中的电流变化。这提供了一种**电气隔离**方法：在电线之间没有导电线路相连时，在它们之间传输电力或信号。

不同的线圈具有不同的圈数，可以将交流电压从低变高或从高变低。电源中经常使用这种变压器来升压或降压。

此变压器配置为扼流圈形式：一种
特殊类型的变压器，旨在阻止杂散无线
电波泄漏到电子设备外部。

TRF2000 CCI

电源变压器

这种变压器具有多组线圈，在电源中用于从单个交流输入（例如壁装插座）输出多个交流电压。

靠近中心的细导线是"高阻抗"磁线圈。这些线圈承载的电压更高，但电流更弱。它们使用多层胶带、铜箔静电屏蔽和更多胶带加以保护。

外部"低阻抗"线圈由更粗的绝缘线制成，线圈数更少。它们承载较低的电压和较强的电流。

所有线圈都缠绕在一个黑色塑料线轴上。两片铁氧体陶瓷粘在一起，形成变压器核心的磁芯。

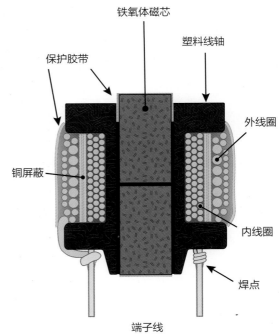

铁氧体磁芯

塑料线轴

保护胶带

铜屏蔽

外线圈

内线圈

焊点

端子线

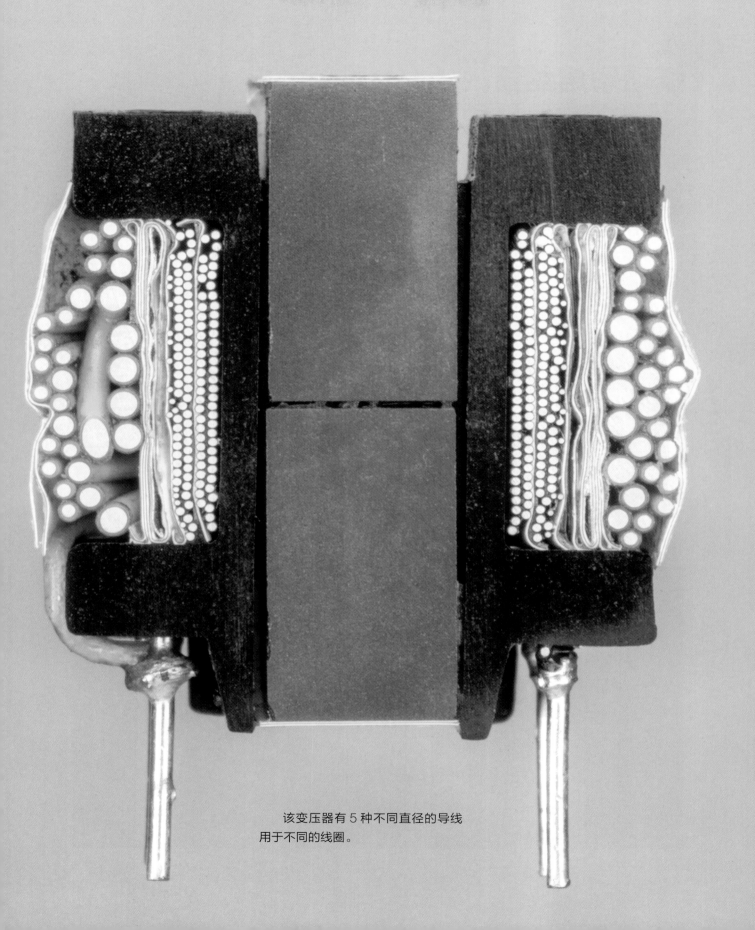

该变压器有 5 种不同直径的导线
用于不同的线圈。

低功率熔丝管

保险丝作为一种电子元件，在超过指定量的电流通过它们时会断开电路，从而避免其他元件损坏。

右页图中是一些玻璃熔丝管，每个直径 0.25 英寸（1 英寸 ≈ 2.54 厘米）。左边两个熔丝管中是**快速**保险丝，额定电流分别为 10A 和 15A。当电流超过保险丝的额定值时，电线就会发热、熔化并迅速断开电路。

右边两个熔丝管中分别是**延时**和**慢熔**保险丝，额定电流均为 0.25A。延时保险丝可抵抗超出其额定值的电流峰值，高于该峰值的持续电流才能将其熔断。在图中的第三个熔丝管中，细电线缠绕在玻璃纤维磁芯上；第四个熔丝管中装有电阻器和弹簧，如果电阻器过热，它会熔化一点焊料，释放弹簧并断开电路。

用于极小电流的保险丝的易熔线可能比头发丝还细得多。

在可更换保险丝的设备中，可以找到这样的熔丝管。保险丝熔断时，通过玻璃外壳很容易看到。

轴向引线保险丝

这种元件看起来像一个电阻器，但它实际上是一根带有轴向引线的微型保险丝。外部塑料涂层下面有一根陶瓷管，其中包含保险丝。电线焊接到压在铜引线上的黄铜端盖上。

这种类型的保险丝是焊接在电路板上的，因此不能由用户更换。在其他保护电路出现故障时，经常使用它们来为电路提供额外的保护。

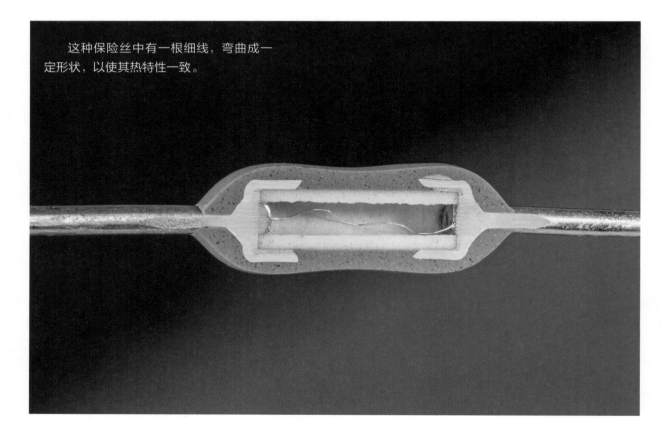

这种保险丝中有一根细线，弯曲成一定形状，以使其热特性一致。

液体电源保险丝

在非常高的电压下，断开电路变得很棘手：当金属片分离时，很容易在它们之间形成长电弧，进而维持电流的流动。这种充满液体的巨型电源保险丝解决了这个问题。

虽然这种保险丝的额定电流仅为 15 A，但其设计可承受高达 23 000 V 的电压。当保险丝跳闸时，长弹簧缩回液体表面以下，将保险丝的断头拉开。液体使电线的末端绝缘并抑制电弧。

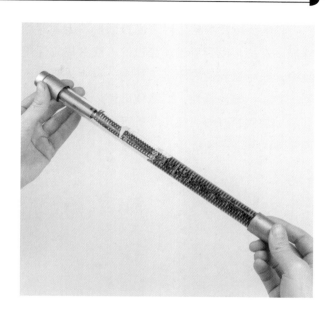

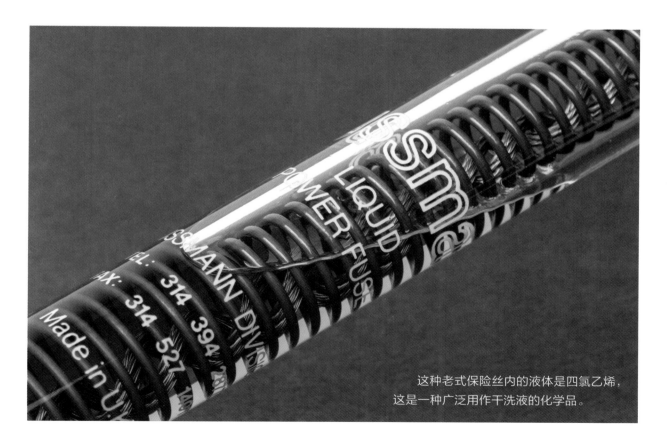

这种老式保险丝内的液体是四氯乙烯，这是一种广泛用作干洗液的化学品。

紧凑型电源保险丝

　　许多手持式数字万用表通过紧凑型电源保险丝加以保护，以避免过压和过流。在这样的保险丝中，在可熔元件的周围设计有一种令人意想不到的材料：硅砂颗粒。二氧化硅可以吸收能量并抑制保险丝断开时可能形成的任何电弧，切断电流并确保电路完全断开。

　　这些保险丝未使用电线，而是包含一条金属带来处理更强的电流。金属带上的一个焊点需要一定时间才能熔化，因此可以作为一个简单的延时元件。坚固的外部玻璃纤维管可保护周围电路免受保险丝熔断时产生的高温影响。

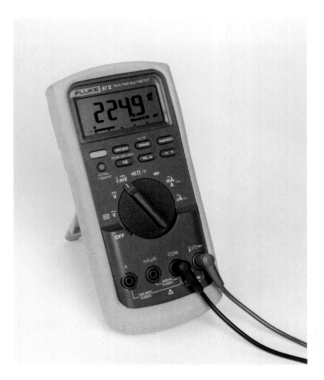

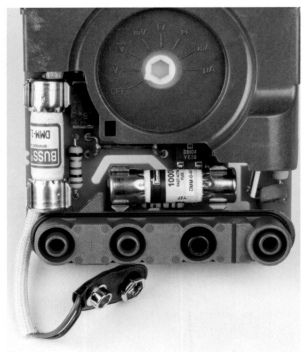

像液体电源保险丝中液体的作用一样，
这种保险丝内的硅砂可以抑制电弧。

热熔丝

热熔丝也被称为热熔断体，相比普通保险丝，它会在超过一定温度时断开电路，而不是超过一定的电流水平时。热熔丝在包含加热元件的电器中用作安全装置，比如咖啡机、吹风机、电饭煲等。如果电路的其他部分发生故障，它们也可以防止起火。

热熔丝通过与金属外壳边缘接触的弹簧接帚建立从一根导线到另一根导线的电气连接。接帚由两个弹簧固定在适当位置，弹簧支撑在一个会在特定温度下熔化的蜡丸上。当蜡丸熔化时，弹簧膨胀进入其中，不可逆转地断开电气连接。

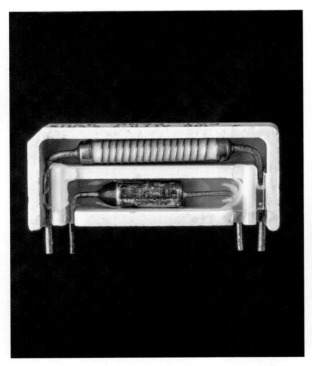

作为预防措施，热熔丝有时与线绕电阻器封装在一起，后者可能是电路中最热的位置之一。

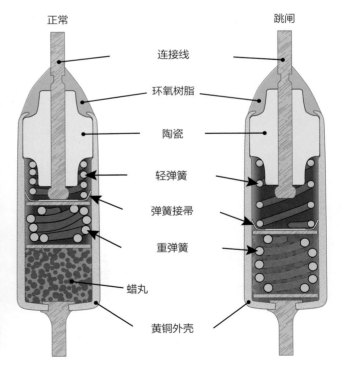

正常　　　跳闸

连接线

环氧树脂

陶瓷

轻弹簧

弹簧接帚

重弹簧

蜡丸

黄铜外壳

48

热熔丝具有一系列不同的额定温度，它们仅代表蜡的不同熔点。

2

半导体

现代生活的方方面面都受到半导体器件发展的影响。现在，发光二极管（LED）为我们的建筑物提供照明，使动画广告牌充满生命力。计算机芯片、相机传感器和太阳能电池板也是半导体，它们利用像硅这样的超纯晶体材料的奇妙电学特性来工作。这些材料一旦被特意使用微量杂质"毒化"，就会显示出这些特性。半导体元件常常是电路板上的"盲盒"。让我们打开它们，看看里面有什么。

1N4002 二极管

二极管是只允许电流单向流动的元件，很像管道中的止回阀。电源中通常使用它们来将交流电转换为直流电。

二极管本身是一个微小的硅"芯片"，也被称为晶粒。原本超纯的硅被改良为具有不同的区域：一个区域由电子携带电流，另一个区域具有空穴，即缺少电子的地方。 两个区域的交界处是器件的工作区，只能在一个方向上传导电流。

在 1N4002 二极管中，两根镀锡的铜线焊接到硅芯片上，然后用黑色环氧树脂塑料封装。从铜线伸出的"耳朵"有助于将铜线固定在环氧树脂中。将硅连接到引线的薄焊料层最初是在组装过程中熔化的薄片。

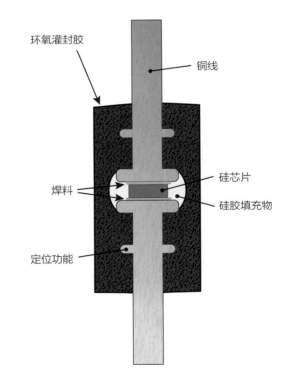

环氧灌封胶

铜线

焊料

硅芯片

硅胶填充物

定位功能

晶粒周围的白色物质是硅橡胶，
很像普通的家用填缝剂。它在组装
过程中可以保护硅芯片。

玻璃封装二极管

低功率硅二极管通常封装在管状玻璃外壳中，并且有很多种类。在每个种类中，实际的硅片都很小，夹在两个触点之间。一些二极管使用金属弹簧夹来连接硅和一个端子。在其他二极管中，两条连接线都与晶粒直接接触。

通常，玻璃外壳会预装一根引线。

在添加到元件上之前，硅晶粒的一侧有一个用交流电镀液镀制的焊点。二极管本身可确保电流只沿一个方向传导，因此该点仅在一侧形成。

通过焊料或导电环氧树脂将硅芯片连接到预装的引线后，可以连接另一条引线。

电路板上的玻璃封装 1N740 二极管。

在这个 1N914 二极管中，微小
的方形硅晶粒偏离中心，可能是由制
造错误造成的。

这个 1N5236B 齐纳二极管的透
明玻璃被涂成黑色。S 形弹簧与晶粒
接触。

这个 1N1100 二极管的晶粒上的
一个微小焊料凸点将其连接到 C 形弹
簧触点。

整流桥

整流桥从外面看平平无奇，而一旦剥去绝缘塑料外壳，一个优雅的电路雕塑就会显现出来。这些元件常见于插入墙壁插座的电源中。它们由4个硅二极管组成，这些二极管以特殊的"桥接"方式连接在一起，将交流电转换为直流电。

4个浅灰色硅晶粒夹在引线组之间，两个朝上，两个朝下，对应于电流可以在这个小电路中流动的方向。

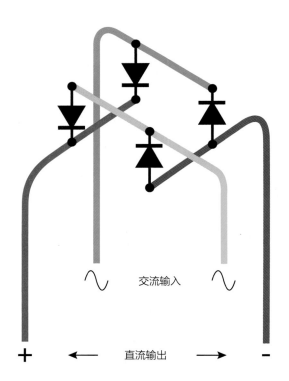

交流输入

直流输出

引线是镀银的铜线。它们的下部因暴露在
空气中而失去了光泽；清新、干净的银色部分
被塑料包装保护着。

57

2N2222 晶体管

作为 20 世纪的关键发明之一，**晶体管**是一种允许一个电信号控制另一个电信号的半导体器件。晶体管通常用于放大信号或用作逻辑开关。

这里显示的 2N2222 晶体管是一种经典的**双极结型晶体管（BJT）**,采用 TO-18 金属"罐头"封装。活性部分是闪亮的微小硅晶粒。按重量和体积计算，这样的器件几乎完全被封装部分占据。

一个晶体管有三个端子。两个端子（即基极和发射器）通过从绝缘引线的末端延伸到晶粒顶部的细长的铝**封装接线**连接到晶粒。第三个连接通过晶粒底部连接到第三根引线，即集电极，该引线与金属罐建立电连接。所有三根引线都由器件底部的玻璃填充物固定到位。

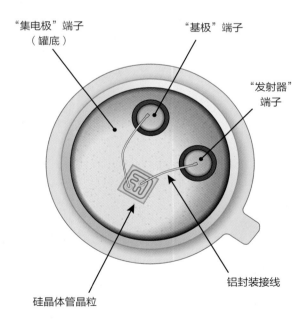

"集电极"端子
（罐底）

"基极"端子

"发射器"端子

铝封装接线

硅晶体管晶粒

2N3904 晶体管

这个 2N3904 晶体管在电气结构上与 2N2222 相似，但看起来迥然不同，因为它封装在 TO-92 这种廉价塑料外壳中。

晶体管的活性部分是一个带有三个端子、闪闪发光的微小硅晶粒，其结构与 2N2222 非常相似。与其他 BJT 一样，基极端子控制在集电极端子和发射极端子之间流动的电流，就像一个微型电子阀。

构成整个器件绝大部分的黑色塑料由填充了二氧化硅的环氧树脂模制而成。所有材料，包括环氧树脂，都会随温度变化而膨胀或收缩。二氧化硅会改变环氧树脂的热膨胀率，以匹配晶粒和内部导线的热膨胀率，从而在器件温度范围的限制下降低其上的应力。

除了硅晶粒外，通过黑色的环氧树脂封装，可以看到连接到晶粒顶部的两根金色封装接线中的一根。

LM309K 稳压器

LM309K 的硅片是一种很大但相对简单的**集成电路（IC）**：在一个硅芯片上制造的包含许多子组件（如晶体管和电阻器）的电路。

这个 IC 是一个**稳压器**，它以某个范围内的电压作为输入，并以一个较低的固定电压提供稳定的输出。TO-3 大型金属封装有助于分散稳压器

运行时产生的热量。这个三端器件具有两个绝缘引脚和连接到外壳的第三个端子。

在特写照片中，可以看到硅晶粒本身表面的电路。芯片右侧大约三分之二由一个大功率晶体管占据，该晶体管调节从输入连接流向输出连接的电流。

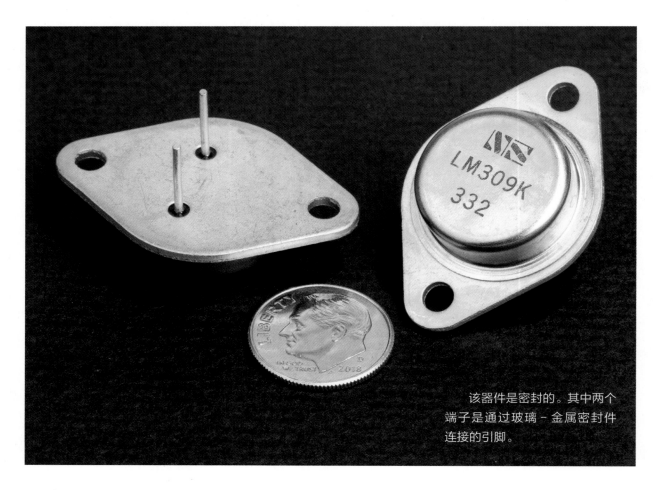

该器件是密封的。其中两个端子是通过玻璃－金属密封件连接的引脚。

输入和输出封装接线配置
有两条平行的导线，使其载流
容量加倍。

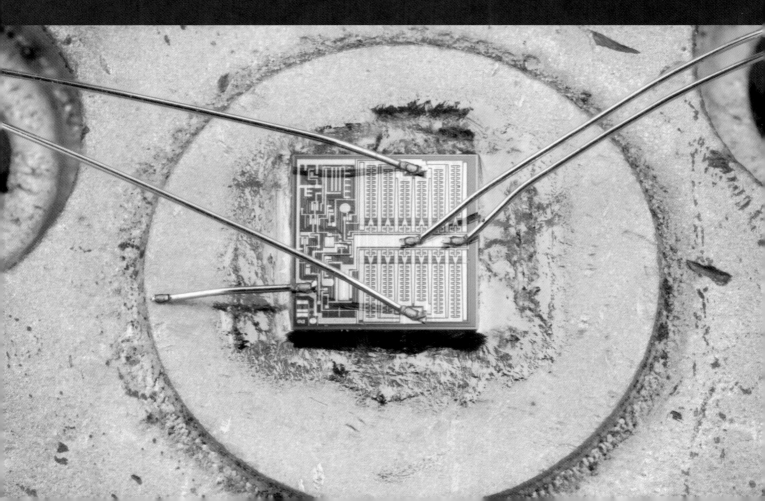

双列直插式封装集成电路

我们迄今为止看到的元件上只有两三个端子，而集成电路可以有更多的端子。

双列直插式封装（DIP）是具有大量连接引线的 IC 的一种经典封装。两排平行（即双列直插）的引脚连接到一个刚性金属**引线框架**，后者通过细如发丝的封装接线连接到中央芯片。

陶瓷 DIP 由一层玻璃**熔块**及其两侧的两块陶瓷板制成，微小的玻璃珠熔化在一起，形成 IC 及其封装接线周围的气密密封。

同时，通常使用黑色塑料，直接在 IC、封装接线和引线框架上模制塑料 DIP。透明的塑料 DIP 让我们可以窥见引线框架的蜘蛛形状，了解它是如何通过封装接线连接到 IC 的。

穿过玻璃熔块的光线在这款复古的陶瓷 DIP（1985 年的摩托罗拉逻辑芯片）上营造出彩虹般的闪光效果。

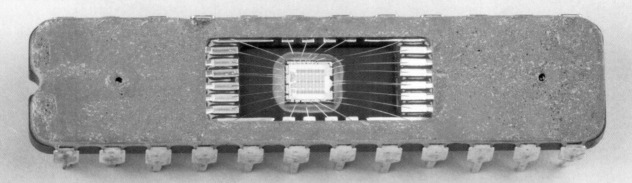

封装上的每个有效引脚都与至少一根
连接到内部 IC 的封装接线配对。

这款 ULN-2232A 运动探测器 IC 的
透明塑料封装让光线可以到达芯片中间的
正方形光电传感器。

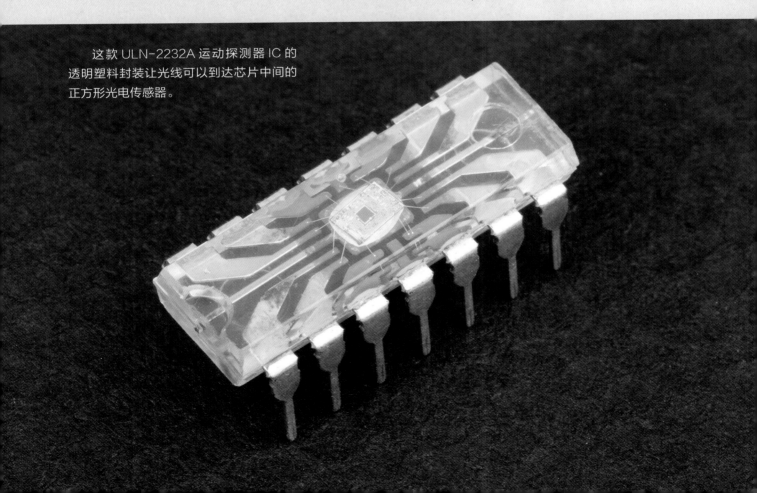

ATmega328 微控制器

微控制器是一种简单、慢速的单片机。它是许多器件内部的电子大脑，比如家电、玩具，甚至是手电筒和收音机。

ATmega328 微控制器特别受电子爱好者的欢迎，它具有各种封装，包括这里显示的 28 针塑料 DIP。作为一款 8 位微控制器，其处理能力大概与 Apple II 等早期家用计算机处于同一级别。

该器件上的黑色塑料已被浓硝酸蚀刻掉，露出了里面的硅晶粒。像这样的芯片上的各个晶体管（至少有几十万个）在这个放大倍数下是看不到的。

该微控制器是 Arduino Uno 开发板的核心元件。

与整体封装相比，实际的硅晶粒
非常小。

小外形集成电路

一些电子产品仍然采用双列直插式封装制造，但如今更小且更节省空间的表面贴装封装更常见，例如下图显示的**小外形集成电路（SOIC）**封装。SOIC 上的引线更紧密地封装在一起，仅间隔 0.05 英寸（约 1.27 毫米），而不是 DIP 中采用的 0.1 英寸（约 2.54 毫米）。

比例差异非常明显，以至于 SOIC 封装内的硅芯片看起来非常大，但它们实际上与 DIP 器件中的硅芯片大小差不多。

一种 SOIC 就是颜色传感器，它采用透明封装，让我们能够准确地看到封装接线是如何将晶粒和引线连接起来的。

一块 24LC64 串行 EEPROM 芯片可将少量数据存储在非易失性存储器中，相当于约 50 条短消息的数据量。

硅晶粒位于 SOIC 中间的铜引线框架上。微小的封装接线将其连接到各种引线，但在此横截面中只能看到其中一根。

红色、绿色、蓝色和透明滤色镜有助于此颜色传感器感知我们人眼能感知的相同波长的光。

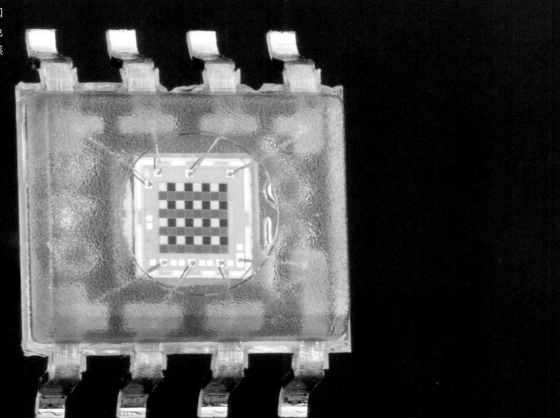

薄型四方扁平封装

另一种表面贴装芯片采用**薄型四方扁平封装**（**TQFP**），它在所有 4 个侧面都有连接引线，而不是像一个 SOIC 一样只在两侧有引线。TQFP 非常薄，但我们很快会看到更薄的芯片。

我们去除了一个 TQFP 下方的材料，因此可以看到实际的 IC 晶粒位于封装的中间。由于封装接线在背面，因此这里不可见，但我们可以在

铜引线框架中看到一些有趣的形状：轮廓经过精心设计，以便环氧树脂将引线固定在适当的位置，防止引线脱落。

一个透明的 TQFP（来自光学鼠标的珍贵的图像传感器）揭示了硅晶粒、引线框架和封装接线的位置和排列方式。

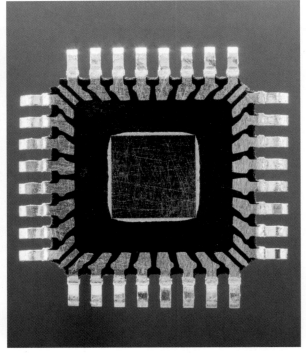

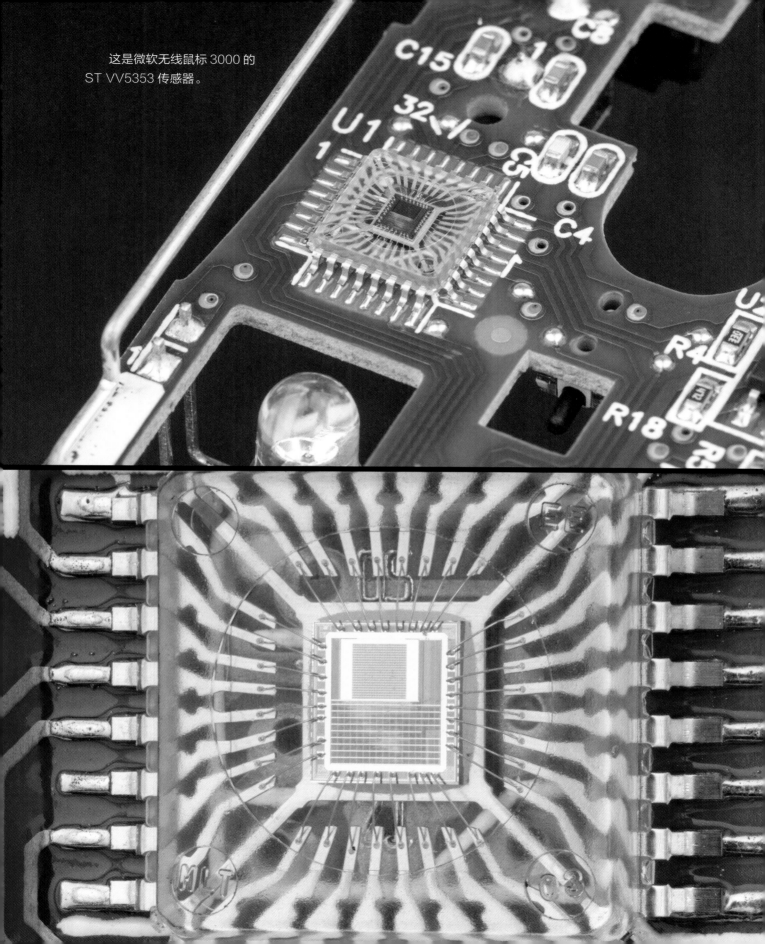

这是微软无线鼠标 3000 的
ST VV5353 传感器。

球栅阵列

为了节省空间，许多现代芯片不是通过其侧面的引脚或端子与电路板连接，而是通过元件底面的微小焊球网格。这些**球栅阵列（BGA）**封装在智能手机、笔记本计算机和其他复杂、袖珍的电子产品中。

焊球位于一个纤薄的双层印刷电路板上，该电路板称为**再分布层（RDL）**。精细的铜线和I字形的导通孔（VIAS）将 RDL 底部的焊球连接到顶部的封装接线，最终连接到硅芯片本身。

在组装过程中，这些焊球被熔化，
直接将元件连接到电路板的许多点
（有时有数千个）。

微处理器

系统级芯片（SoC）是一种高端微处理器，集成了一个处理器以及在计算机主板上需要单独芯片的大多数附加功能，例如图形支持。典型的智能手机使用定制的 SoC 作为其主处理器，配置了该手机所需的确切功能集。

这里显示的 SoC 封装在球栅阵列中，以便安装到电路板上。在内部，IC 晶粒本身的微小焊料凸点安装到再分布层。

使用焊料凸点代替封装接线可以更容易地扩大连接数量，但需要高密度的再分布层来将连接散开到更大的 BGA。这个 RDL 有 10 层铜，通过激光钻孔通道（称为**微孔**）连接。

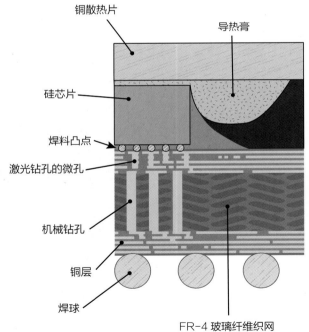

铜散热片

导热膏

硅芯片

焊料凸点

激光钻孔的微孔

机械钻孔

铜层

焊球

FR-4 玻璃纤维织网

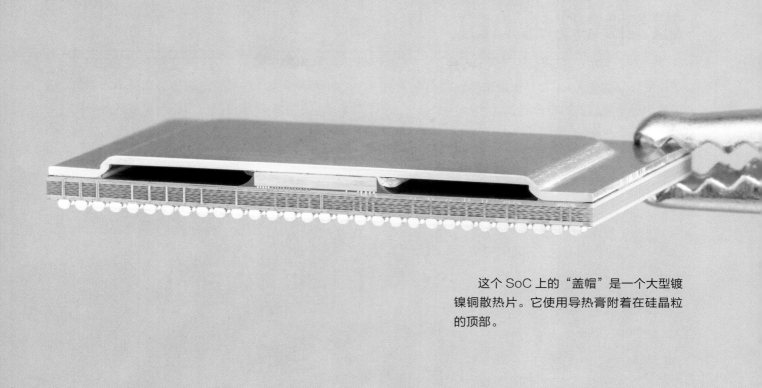

这个 SoC 上的"盖帽"是一个大型镀镍铜散热片。它使用导热膏附着在硅晶粒的顶部。

焊料凸点安装技术称为"倒装芯片"封装,因为晶粒面朝下放置,而不是面朝上并带有封装接线连接。

直插式红色 LED

发光二极管（LED）看起来总是那么迷人，简单中蕴含着微妙的设计细节。

LED 中的半导体晶粒不是硅，而是一种定制的半导体，在激活时会发出所需颜色的光。例如，通常使用 AlGaAs（砷化镓铝）来制造此类红色 LED。

金属连接引线的奇特形状和刻在其中的细线有助于将引线锁定到位，将它们固定在环氧树脂模塑料中，使它们能够弯曲而不会损坏易碎的 LED 晶粒。较大的阴极引线在晶粒下方形成一个反射杯，以将光引导向前。一根细如发丝的封装接线将较小的阳极引线连接到晶粒的上表面。

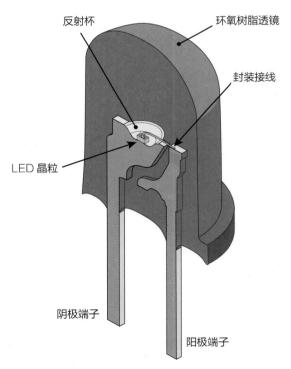

反射杯　　　环氧树脂透镜

封装接线

LED 晶粒

阴极端子

阳极端子

只有半导体晶粒的顶面发光。晶粒
被切成整齐的立方体以便于处理。

表面贴装 LED

表面贴装 LED 除了封装外，与直插式 LED 相同。表面贴装 LED 不使用引线，它位于带有电镀端子的薄电路板上，这些端子可以焊接到更大的电路板上。透明塑料透镜直接模制在薄电路板上，封装并保护 LED 晶粒及其封装接线。

右图显示的 LED 的半导体材料使它们发绿光，而不是红光。

这张图由多张曝光时间不同的照片合成，以显示更多细节。

红绿双色 LED

这种双色 LED 内部有两条引线和两个不同的 LED 晶粒，它们与封装接线并联。当电流朝一个方向流过红色 / 绿色 LED 时，它会发出红光。如果反转电压，使电流朝另一个方向流动，它会发出绿光。通过仔细的电路设计——切换电流朝每个方向流动的相对时间——LED 看起来会发出红光、绿光、黄光或介于它们之间的任何光。

这样的 LED 有时用作操作面板指示灯。

白色 LED

我们称为**白色 LED**的器件中，一部分是LED，另一部分是化学物质。问题在于，真正的白光包含彩虹的每一种颜色，而 LED 只能发出一种颜色的光，这种光的颜色取决于半导体的特性。作为解决方案，我们可以通过将红光、绿光和蓝光混合在一起来欺骗人眼，让人们看到白光。

白色 LED 的晶粒位于反射杯的底部，它实际上发出的是蓝光。反射杯中填充了一种称为**荧光粉**的化合物。它吸收蓝光并发出略带红色的光谱光。荧光粉的光与 LED 发出的蓝光结合，产生明亮的白光。

这张图是由不同曝光水平的照片合成的，显示了LED 晶粒周围难以捕捉的蓝光。

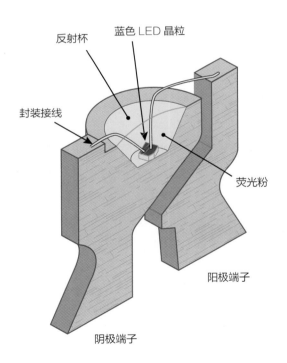

反射杯　　　蓝色 LED 晶粒

封装接线

荧光粉

阳极端子

阴极端子

虽然从外部看不到任何迹象，但每个白色 LED 的核心都包含一个蓝色 LED。

激光二极管

下图中的**激光二极管**来自一台现代桌面彩色激光打印机。

每个激光二极管都包含在 TO-56 金属"罐"封装中，该封装配有抗反射涂层玻璃、散热片和一个灵敏的光探测器。这个光探测器称为**光电二极管**，用于测量激光输出量。

激光元件本身是一个小晶粒，红色面位于较大的硅光电二极管晶粒之上。每个晶粒都通过封

装接线连接到一个端子。第三个"公共"端子通过金属罐的外壳连接。

激活时，激光晶粒水平发射一束光，而不是像 LED 那样垂直发射。这种类型的激光在近红外范围内发射，波长刚好超出人眼所能看到的最红的红色。

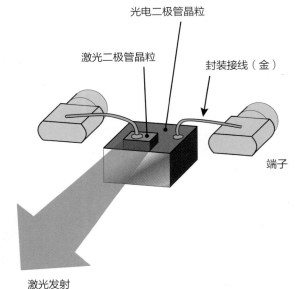

光电二极管晶粒

激光二极管晶粒

封装接线（金）

端子

激光发射

激光二极管不仅从正面发光，也从背
面发光。封装背面的倾斜表面减少了有害
的直接反射。

光耦合器

光耦合器将电信号转换为光，然后再转换回来。它提供电气隔离功能，很像变压器，但使用光而不是磁场。

将电信号转换为光的 LED 安装在顶部，面朝下朝向一个**光电晶体管**，这个晶体管是一种将 LED 的光转换回电信号的光传感器。LED 晶粒通过一个透明硅胶珠加以保护。该器件采用半透明塑料模制而成，可让光线在元件内传输，黑色塑料覆盖其上，以防止外部光线干扰。

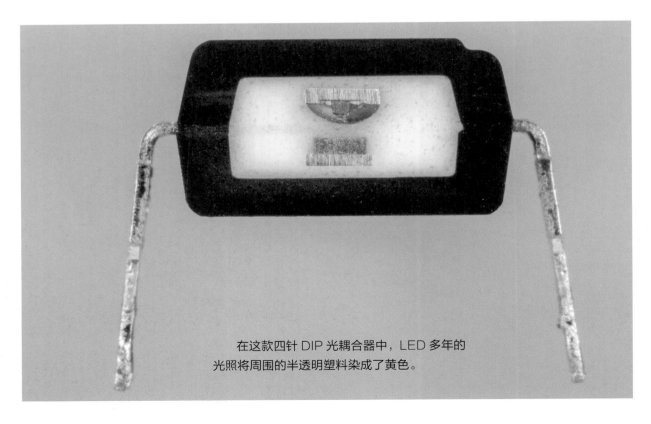

在这款四针 DIP 光耦合器中，LED 多年的光照将周围的半透明塑料染成了黄色。

光学倾斜传感器

光学倾斜传感器在早期数码相机中用于在拍照时确定相机朝向。它们包含一个红外LED，指向两个光电晶体管。

一个可以自由滚动的小金属球位于LED和传感器之间。直立时，球上有一条从LED到两个传感器的畅通路径。当设备向左或向右倾斜时，球会滚动，阻止光线到达某一个光电晶体管。

LED封装在透明粉红色环氧树脂中，向包含两个光电晶体管的晶粒发射光，这些光电晶体管封装在允许红外光通过的透明黑色塑料中。

光学编码器

在现代鼠标中，有一个低分辨率的光学传感器，它会在用户移动鼠标时测量鼠标的位置变化。在老式的滚球鼠标中，有两个**光学编码器**，它们会在鼠标移动时感应到滚球的滚动。

光学编码器就像是光学倾斜传感器的高级版。红外 LED 将光线照射到**编码器轮**上，编码器轮上有缝隙，会交替阻挡或允许光线通过。位于滚轮另一侧的两个光电晶体管在滚轮旋转时探测光。鼠标中的电路对光电晶体管的输出信号进行解码，计算屏幕上光标移动的距离和方向。

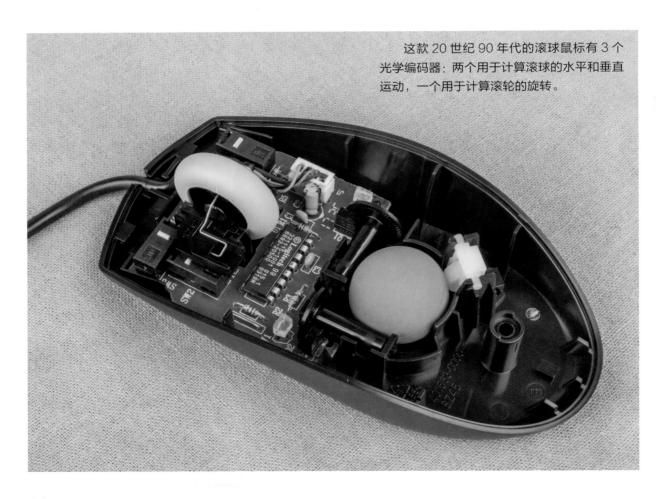

这款 20 世纪 90 年代的滚球鼠标有 3 个光学编码器：两个用于计算滚球的水平和垂直运动，一个用于计算滚轮的旋转。

红外 LED 采用透明塑料封装，双光电晶体管接收器采用允许红外线通过的黑色塑料。

这张照片是用对红外线敏感的相机拍摄的，将红外线显示为粉红色。红外光透过传感器的黑色塑料可见。

环境光传感器

智能手机上的摄像头和 LED 闪光灯之间有一个微小的**环境光传感器**，只有 1 毫米宽。它用于测量光的强度和特性，使手机可以感知和补偿拍摄场景的色温。该传感器还使手机能够根据周围环境调整屏幕的显示颜色和亮度。

该器件有一个 6 针接口，即一个极小的 2×3 球栅阵列。其透明封装显示，晶粒几乎占据了整个器件。晶粒的传感器部分有 25 个正方形，带有不同的滤光片，用于感知不同的颜色：红、绿、蓝，以及不可见的红外光和紫外光。

手机摄像头本来就很小了，相比之下，ST VD6281 环境光传感器更小。

该传感器位于电路板竖板上，与手机背面的闪光灯大致处于同一平面。这为传感器提供了尽可能宽的视野。

CMOS 图像传感器

所有半导体器件都天生对光敏感。将它们的阵列放在芯片上，就可以得到一个图像传感器，能将二维图像转换为电信号。这种芯片构成了数码相机的核心。

下图中的图像传感器为黑白传感器，但将具有红色、绿色和蓝色棋盘格图案的滤光片应用于图像传感矩阵，就能感知颜色。

晶粒顶部可见的复杂电路产生驱动阵列的控制信号，放大来自图像传感器的小信号，并将它们转换为可以处理、存储和上传到社交媒体账户的数字数据。

CMOS（互补金属氧化物半导体）指的是该器件的制造工艺。

这个图像传感器由 VLSI Vision 公司设计，其历史可追溯至 1996 年左右。它的陶瓷封装有一个透明的玻璃盖。

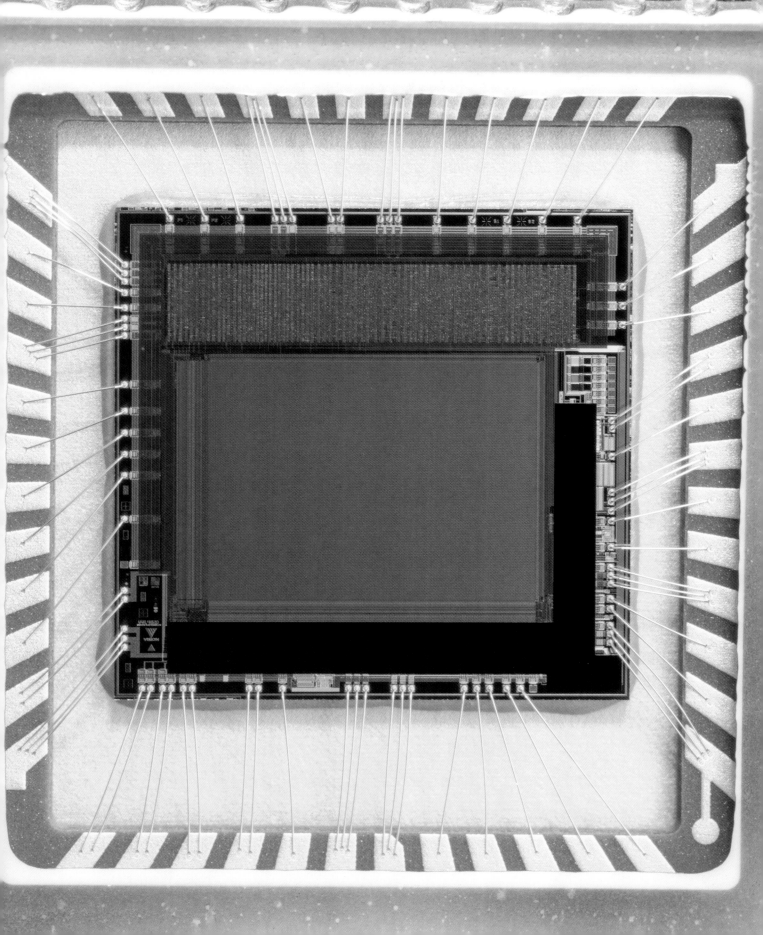

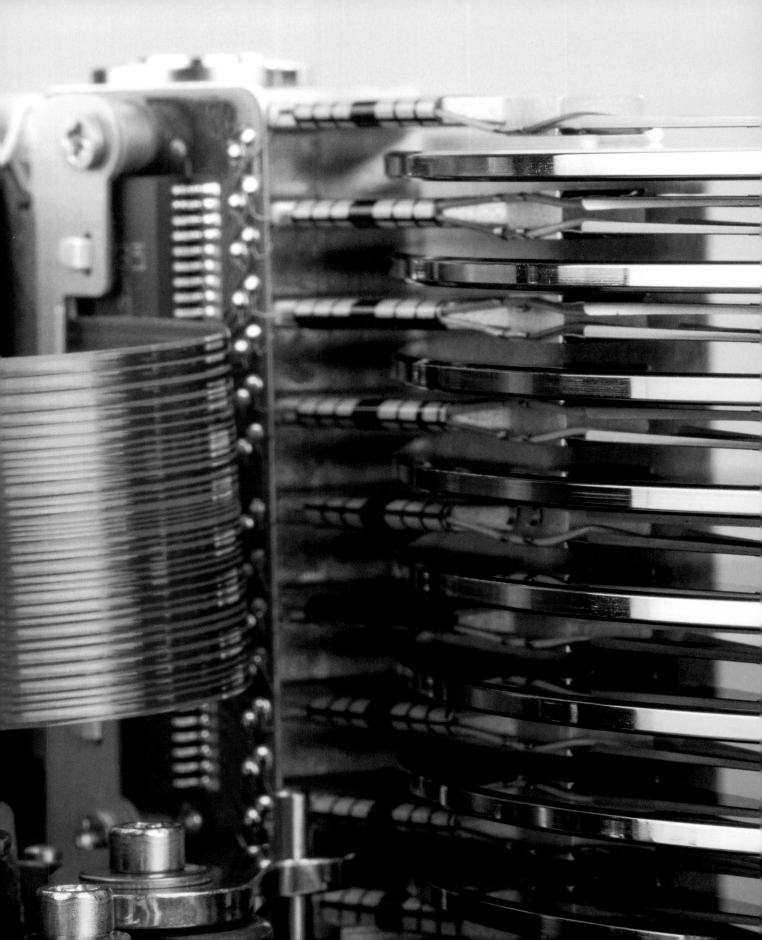

3

机电元件

目前为止，我们看到的大多数器件没有活动部件。但是许多重要的元件跨越了电子和机械领域。开关、电机、扬声器、电磁继电器、硬盘驱动器和智能手机摄像头看似彼此无关，但有一条共同的线索将它们联系在一起。

拨动开关

用手指轻拨，**拨动开关**就能在两个挡位之间来回切换。

拨动开关内部的机械原理非常简单。一根金属条在两个挡位之间摇摆，将一条共用的中心引线连接到两个内部触点之一。这样，电流就被传输到两个可能的路径之一。

压在金属条上的塑料夹是弹簧加压的，因此它可以卡入任何一个挡位，并在金属条与该触点之间提供一致的压力。作为塑料，它使用户在触摸拨杆与端子时不会触电。

类似的拨动开关可以在中间添加一个"关闭"挡位或额外的**极点**，即由同一拨杆并联切换的多组独立触点。

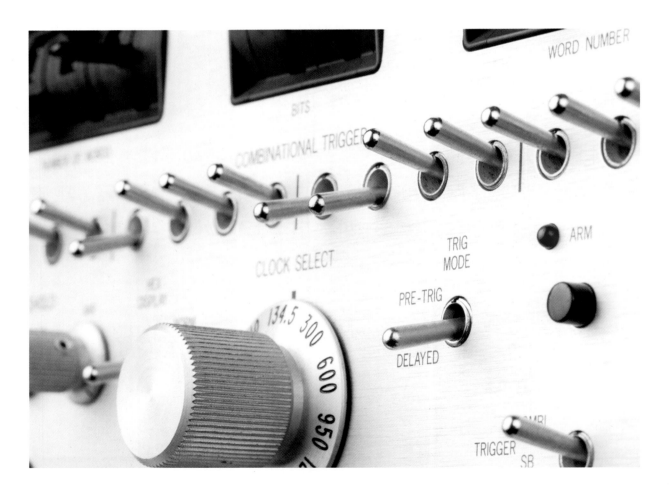

开关带有螺纹，以便安装到面板上。
穿过螺纹部分的销是拨杆的枢轴点。

滑动开关

右图和下图显示的两挡**滑动开关**的手柄上有一些小纹路，便于用指尖将它从一个挡位滑到另一个挡位。

在开关的内部，手柄来回滑动一块金属接触板，连通中间端子和两个外部端子之一之间的电路。有些滑动开关可能还为滑动手柄增加额外的端子和挡位。

手柄和金属接触板之间有一个压缩弹簧，在滑动时将接触板压在端子上。

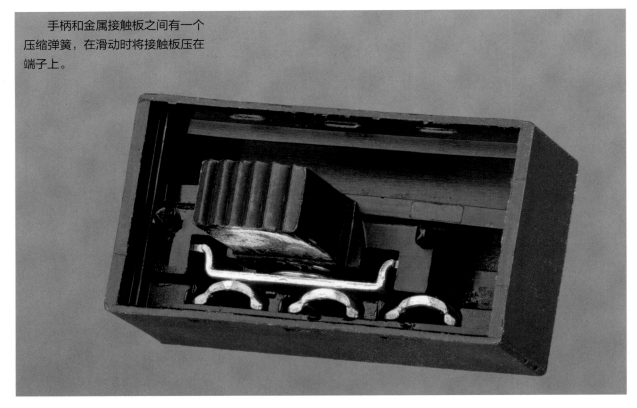

按钮开关

这种基本的**按钮开关**常见于业余电子项目的面板上，但它通常不会用于商业产品。尽管如此，它的基本工作原理仍然适用于其他更常见的按钮开关类型。

按下弹簧按钮，就会将金属垫圈向下移动到两个触点上，连接它们并连通电路。松开时，弹簧将垫圈向上推，从而断开电路，这就是所谓的"常开"开关。除非按下按钮，否则它会断开电路。

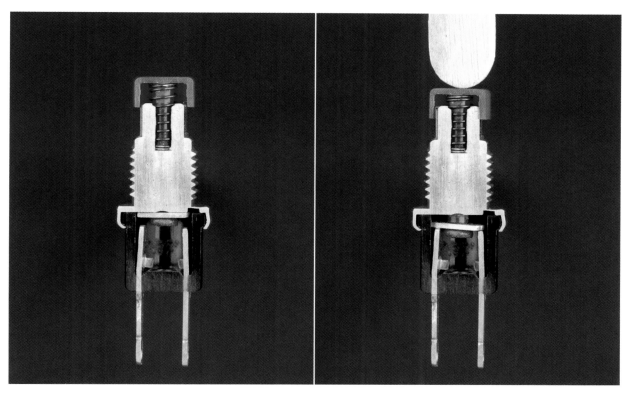

DIP 开关

你可能遇到并亲自设置过 **DIP 开关**，它们常见于警报控制面板、工业设备、家用加热控制器和一些老旧计算机中。它们因其两排端子双列直插排列而得名。每对端子有自己的切换机制。

DIP 开关分为微型滑动开关、拨杆和摇杆开关等，下图和右侧图显示的是一种简单的摇杆式机制。

每个开关元件内都有一个白色塑料摇杆、一个弹簧加压的金属球和两个触点。改变摇杆的位置可以移动金属球，使其要么藏在一边，要么将两个触点连接在一起。

DIP 开关设置 Apple IIe 计算机内的 Apple Super Serial Card II 的配置。

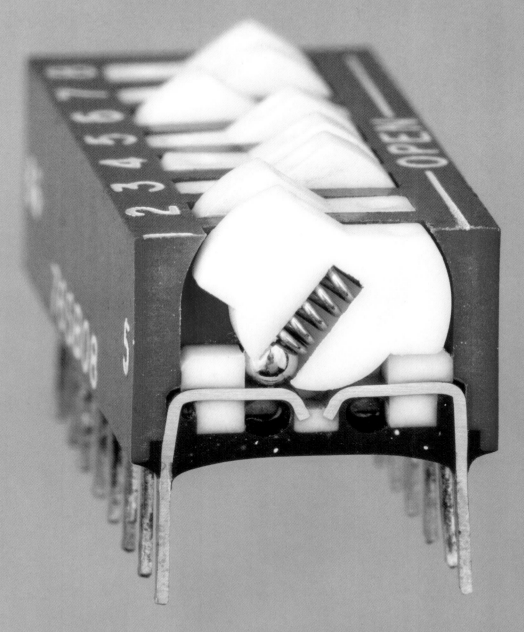

镀金金属球直径约为 1.5 毫米。一个 8 位 DIP 开关包含 8 颗球，8 个弹簧将它们固定在适当位置。

触控开关

触控开关有多种尺寸，广泛用作电子设备和电器的响应按钮。它们通常隐藏在较大的定制按钮后，例如光盘驱动器上的弹出按钮或家庭娱乐系统上的面板按钮。

按下按钮，开关内部的薄金属弹片就会向下弯曲并连通电路。一旦松开，弹片就会恢复原状，断开电路。弹性金属弹片会发出令人着迷的咔哒声，其触感也让人忍不住来回按动开关。

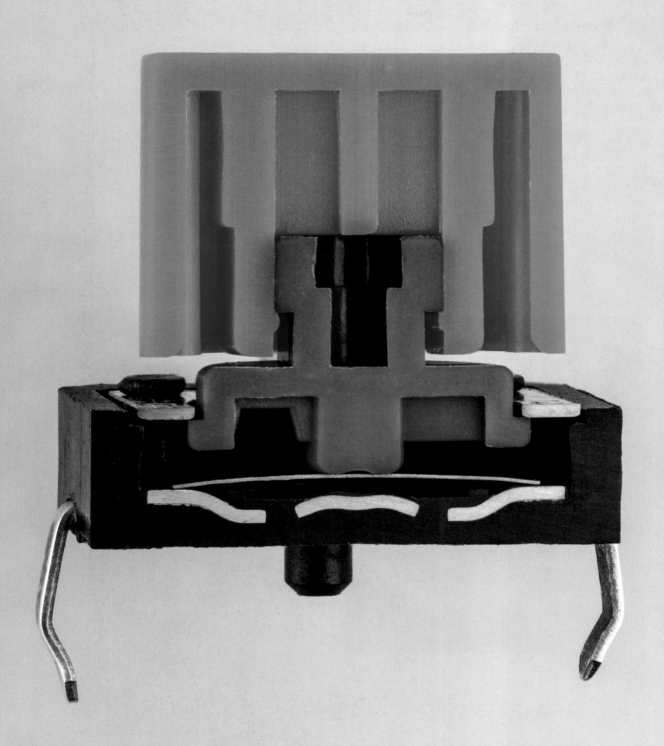

这个触控开关有一个较大的红色按钮帽。
矮型版本在电子产品中无处不在。

微动开关

微动开关为鼠标按钮提供电气功能和点击感。它们是非常可靠的开关,设计支持数百万次按动。

在微动开关内部,两个冲压金属弹簧(一个是平直的,另一个是弯曲的)相互配合,当柱塞被压下超过某个跳变点时,就会产生一致的瞬动。松开柱塞会将开关卡回另一个挡位。这个动作会移动连接到设备端子的两个固定触点之间的公共电触点。

除了鼠标,还可以在众多工业和自动化应用中找到这种类型的微动开关,比如打印机上的限位开关。

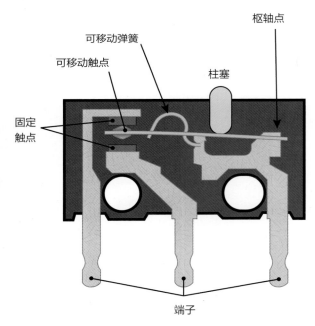

电磁继电器

电磁继电器是由电信号而不是按钮或拨杆驱动的开关。它们提供了一种可靠、低成本的方法来切换大量电力，用于电器、汽车、电梯、工业设备甚至交通信号灯。

继电器的核心是一个**螺线管**，这是一种专门设计用作电磁铁的电感器。当电流通过螺线管的线圈时，就会产生磁场，吸引铰接的铁板，将一组开关触点从一个挡位移动到另一个挡位。当螺线管断电时，弹簧缩回铁板，拉动它和开关触点回到其初始位置。因此，该器件使用电力来传递电力。

下面这个继电器有 4 个极点：它使用一个螺线管同时驱动 4 个开关，可以控制 4 个独立信号。

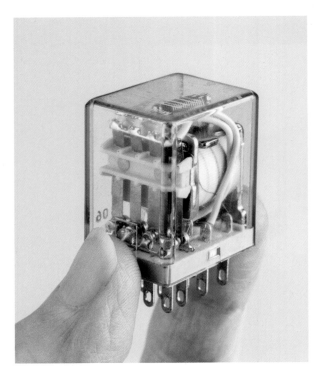

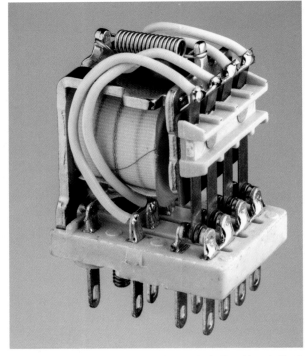

螺线管用细铜线包裹，外层缠有布带。使用粗橡胶绝缘的电线连接到每个开关的中心端子。

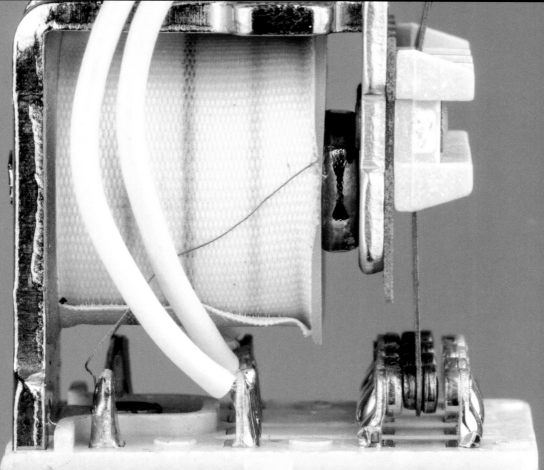

热敏开关

需要调节温度的简单器件会使用**热敏开关**。热敏开关是在设定温度下打开或关闭的电气开关。例如，每当加热板的温度低于设定值时，咖啡机中的热敏开关就可以打开加热器。

热敏开关的活动元件是一个**双金属片**，即由热膨胀率不同的两种金属组成的焊接夹层。在这里显示的开关中，双金属元件是一个薄盘，在加热和冷却时会改变形状。

在室温下，这个圆盘是平的。它向上推动一根小陶瓷棒，将两个电触点压在一起以将它们相连。当温度升至高于固定设定值时，圆盘凹陷，向下弯曲，使陶瓷棒松开触点，断开电路。

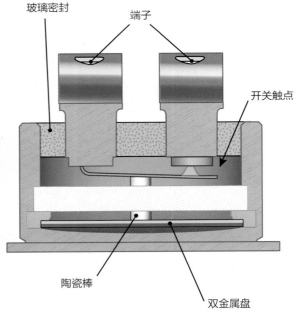

玻璃密封　　端子

开关触点

陶瓷棒

双金属盘

这个热敏开关已被切成两半，以便
显示其内部结构。通常，这样的开关是
密封的，以防止灰尘进入。

有刷直流电机

这种微型"寻呼机"电机的直径与铅笔大致相同。它常用作手机内部的振动马达。

流过电机内部铜线圈的电流会产生一个磁场，进而推动来自永磁体的另一个磁场。这个永磁体称为**定子**，因为它是固定的。线圈连接到一个轴，也就是**转子**，这个轴由于磁场的吸引和排斥而转动。

称为**电刷**的金属夹将电流传导到旋转的铜线圈中，甚至在它们旋转时也是如此。这些电刷也起着**换向器**的作用，每隔半圈就将流经铜线圈的电流的极性反转一次。否则，转子将与定子磁铁对齐并停止转动。

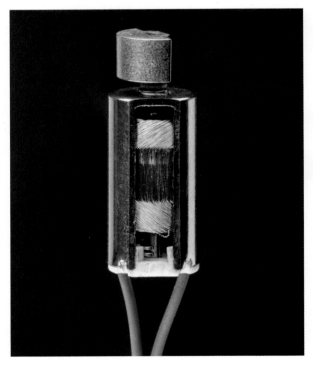

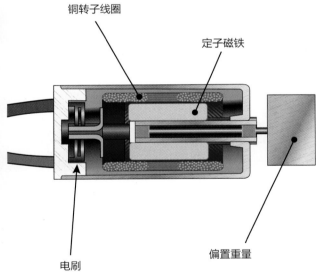

铜转子线圈

定子磁铁

电刷

偏置重量

电机的输出轴上的偏置重量导致电机
在旋转时剧烈摆动。由于电机的小尺寸和
快速旋转，我们只感知到适当的振动。

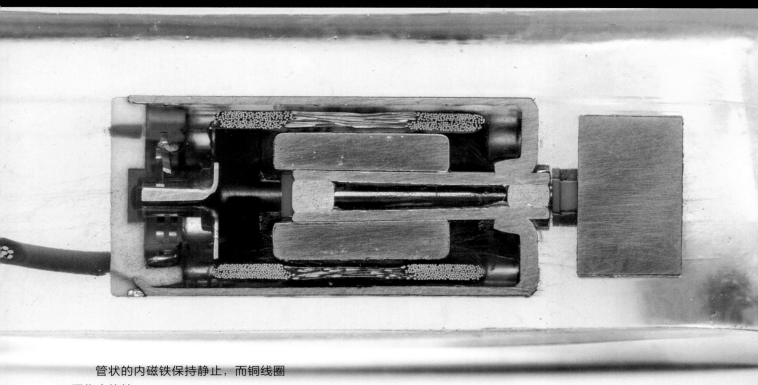

管状的内磁铁保持静止，而铜线圈
围绕它旋转。

步进电机

许多电机是连续旋转的，**而步进电机**经过优化，可以以称为"步长"的精确旋转增量快速启动和停止。

步进电机属于**无刷**电机，这意味着铜线圈是定子的一部分，而永磁体是转子的一部分。这里显示的步进电机是 3D 打印机中常用的器件。

它有 8 个铜线圈，分成相对的两组，4 个线圈为一组，缠绕在一个由层压铁片构成的定子上。转子有自己的堆叠铁层，用作高强度永磁体的极片。

转子和定子上的齿形结构决定了电机的步长或精度。这个电机每转可移动 200 个离散步长。

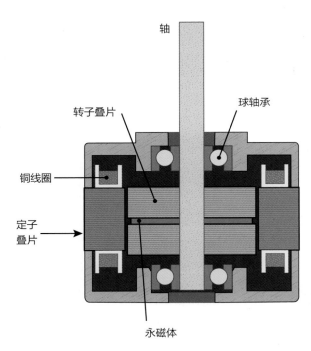

轴

转子叠片

球轴承

铜线圈

定子
叠片

永磁体

组装后，转子整齐地安装在定子内，两者之间只有很小的间隙。

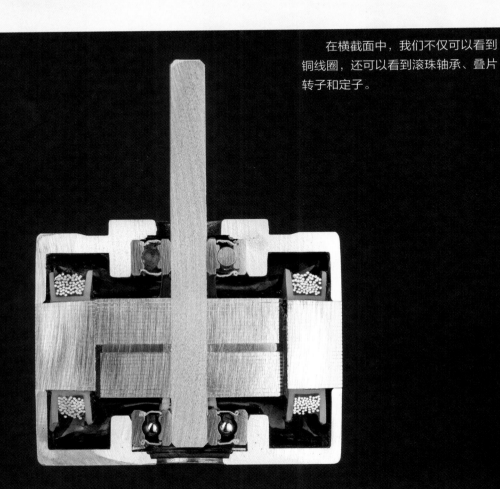

在横截面中，我们不仅可以看到铜线圈，还可以看到滚珠轴承、叠片转子和定子。

磁性蜂鸣器

许多不同种类的设备使用**磁性蜂鸣器**发出各种声音：警报声、提示音，甚至是简单的曲调，例如，电饭煲发出声音提醒你米饭已经煮熟了。计算机主板也使用磁性蜂鸣器提示故障。

这个元件外观单调，但内部很复杂。最引人注目的部分是缠绕在铁芯上的铜线圈。当电流施加到两个连接引线时，铜线会在其核心产生一个磁场。这个磁场与来自线圈外部的环形磁铁的磁场结合，推动中间的金属膜片。当用交流信号驱动时，膜片以输入信号的频率振动，从而产生一种音调。

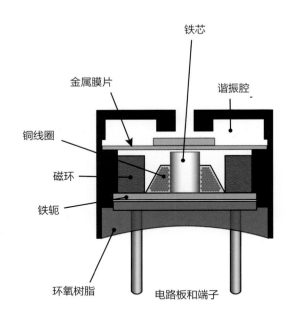

金属膜片　　铁芯　　谐振腔

铜线圈

磁环

铁轭

环氧树脂　　电路板和端子

从这个切片可以看出，磁性蜂鸣器是通过首先将蜂鸣器嵌入透明环氧树脂中而制成的。

扬声器

扬声器将电信号转换为空气振动，从而发出声音。

在扬声器内部，一个大型永磁体位于中央。称为**音圈**的小线圈缠绕在纸筒上，纸筒装在磁铁的环形槽内。当音圈被任一方向的电流驱动时，它就会产生一个磁场，推动永磁体的磁场。作为响应，纸筒上移或下移。当没有电流存在时，琥珀色的悬架充当弹簧，将纸筒推回到中间位置。

纸筒连接到一个由模压纸制成的黑色扬声器锥体，这个经过精心设计的锥体可以推动周围的空气。纸筒的运动驱动扬声器纸盆的振动，产生我们听到的声波。

安装在老式 Apple IIc 计算机外壳上的小型扬声器。

穿过扬声器的这个薄片是用透明
树脂浇铸而成的。

近距离观察，可以看到涂有红漆
的铜线圈和连接的纸筒精确定位在永
磁体的凹槽内，上下移动自如。

智能手机摄像头

智能手机中机械结构最复杂的部件之一是摄像头组件。除了具有数百万像素分辨率的图像传感器外，它还包含多元件镜头、一个红外遮光滤光片和一个自动对焦机制。

所有这些都包含在区区一立方厘米的体积内。

智能手机摄像头与迄今为止我们一直在研究的机电器件有什么关系？答案是，自动对焦机制使用音圈电机来精确定位镜头相对于传感器的位置，镜头就像是扬声器中的纸盆一样。

使用 Nexus 5X 智能手机拍摄的
Nexus 5X 摄像头组件照片。

这个光学组件包括 6 个具有非球面外形的精密模制的塑料镜片。对焦机构改变镜头组件与传感器之间的距离。

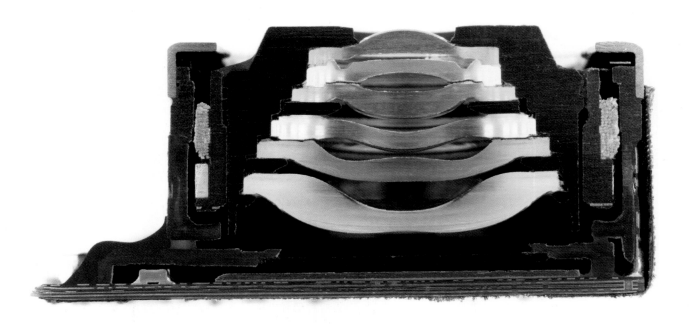

摄像头模块

摄像头在镜头组件周围使用了一个铜音圈，以相对于附近的固定磁铁来精确定位它。改变电流大小会引起更大或更小的位移。

当使用智能手机拍照并点击物体进行对焦时，软件和伺服电路之间的复杂交互，会将镜头定位到合适位置所需的精确磁场，从而使图像完美对焦。

镜头组件下方是用于遮挡红外光的玻璃滤光片，下方是图像传感器，位于一个多层电路板上。图像传感器通过封装接线阵列连接到电路板。

红外截止滤光片（优先反射红光）的一部分已被破坏，露出了下方的主图像传感器。

旋转音圈电机

硬盘驱动器使用高性能**旋转音圈电机**将其读/写磁头快速移动到不同位置。

硬盘驱动器的工作原理与扬声器中的音圈相同。但是，磁铁和线圈的排列使线圈围绕枢轴点旋转，而不是沿直线移动。

强大的驱动功率和复杂的闭环伺服电路使硬盘驱动器可以在几毫秒内精确地重新定位其磁头。

光驱调焦电机

这种来自笔记本计算机 DVD 驱动器（光驱）的激光组件使用巧妙的两轴音圈电机系统来定位光头。两组线圈和磁铁上下移动光头以进行对焦，左右移动以进行跟踪。DVD 数据以数字 1 和 0 进行编码。一台直流电机沿线性轨道移动整个激光组件读取数据。为了进行微调，跟踪线圈驱动光头左右移动。

光头组件由细长的弹簧线悬挂在适当的位置，弹簧线也构成与线圈的电气连接。

驻极体麦克风

驻极体麦克风是一种价格低廉的器件，它的名字源于形成其振膜的非常奇怪的材料。

驻极体在材料本身内部存储有永久电荷，有点像磁铁具有永久磁性。麦克风的驻极体振膜和拾音板形成一个简单的电容器，由驻极体持续充电。当声波撞击驻极体振膜时，它会改变与拾音板的距离，从而改变电容，产生电信号。拾音板连接到一个内置晶体管，这个晶体管放大信号并通过端子将其发送出去。

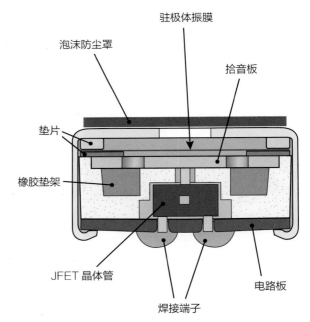

这个横截面是通过在切割前将麦克风嵌入透明树脂中制成的。切口穿过黑色封装中晶体管的晶粒和封装接线。

电缆和接头

电缆和接头将器件与世界相连。它们将计算机连接到互联网，将视频流传输到屏幕，并将音乐传入我们的耳朵。电缆和接头形形色色，从简单的线束到极其复杂的精密创造，一应俱全。

实心线和绞合线

电线无处不在，从海底到遥远的太空探测器中都可以找到它们的身影。它们穿过墙壁，跨越大陆，有时甚至在我们体内传递电信号。

电线有两种基本类型：**实心线**和**绞合线**。实心线有一根金属丝，而绞合线由多条较细的电线绞合而成。七股绞合线很常见，因为它的整体形状大致呈圆形。还可以找到 19、37 甚至 61 股的电线。绞合线更柔韧，而实心线往往保持一定的形状，如果弯曲太多次就会断裂。

电线可以用任意多种不同的金属制成，但铜在小型电子产品中最常用。为了防止短路，电线通常覆盖有绝缘层，例如清漆、PVC 塑料，甚至布。

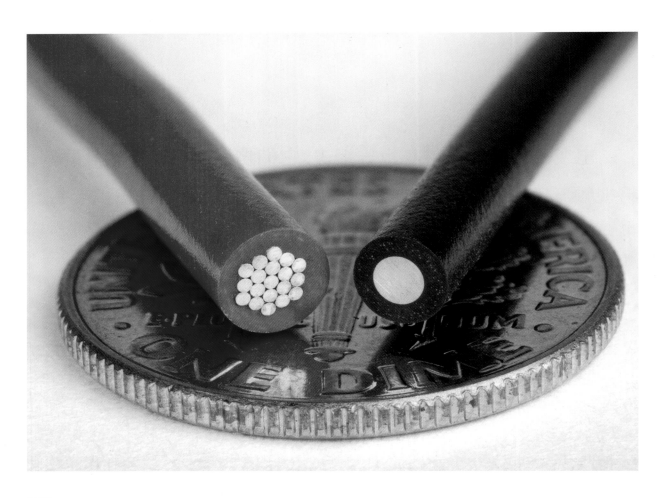

交流电源电缆

一束电线称为一根电缆。这里显示的是台式
计算机可能附带的电源电缆。它有一个接地的三
芯插头，称为 NEMA 5-15 型，额定电流为 15 A。

电缆内部是三股绞合铜线，包裹在模制的黑
色外护套中。绿色线是接地导线，黑色和白色线
组成一对，承载单相 120 V、60 Hz 交流电（AC）。
黑线是"热的"，相对于地大约为 120 V，而白线
是"中性的"，电压接近于地。

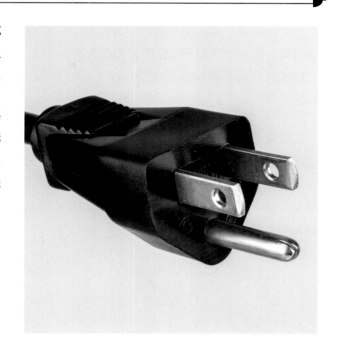

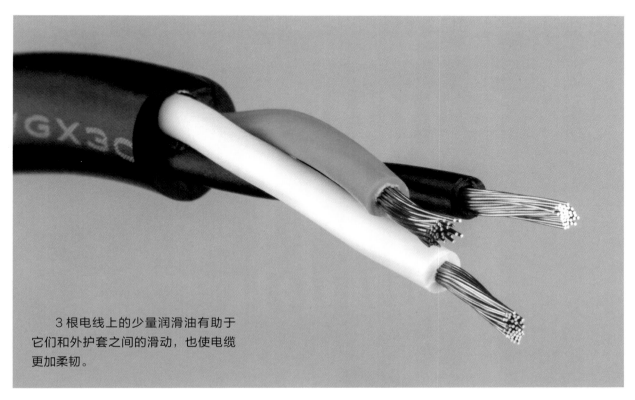

3 根电线上的少量润滑油有助于
它们和外护套之间的滑动，也使电缆
更加柔韧。

IDC 带状电缆

带状电缆（有时是彩色的）曾经在计算机中很常见，现在也仍用于工业设备和业余电子产品。它们的形状像长而扁平的丝带，包含许多并排的单根电线。

这里显示的插头类型称为 **IDC**，表示**绝缘刺破式连接器**。它将每根绝缘线插入两个楔形金属刀片之间。刀片刺破绝缘层并紧紧夹住铜线，形成牢固的电气连接。连接器内的镀金夹与连接器插入的金属"接头"引脚接触。

其他每根线穿入一排 IDC 插头。通过两排刀片，每根电线都连接到一个销子。

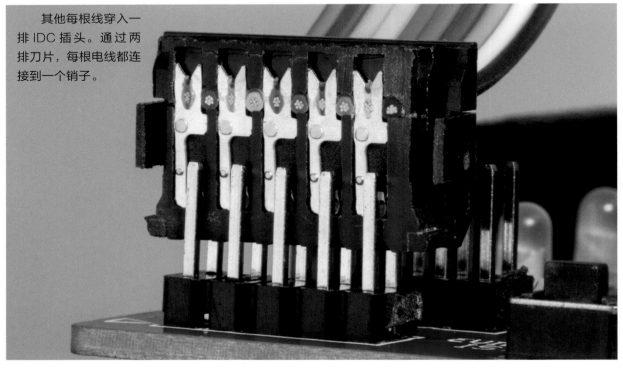

模块化电话电缆

有线电话有时使用这类扁平电缆连接到模拟电话线或固定电话线。末端的透明连接器是一个模块化插头，是 RJ25 接口的一部分，最多可与 3 条电话线配合使用。插头通过绝缘位移连接到每根电线，很像带状电缆连接器。

中间的两根电线（绿色和红色）承载第一条模拟电话线。其余的两对电线（黄色 / 黑色和蓝色 / 白色）承载其他电话线。有时，还会使用额外的电线对为电话提供低压电力。

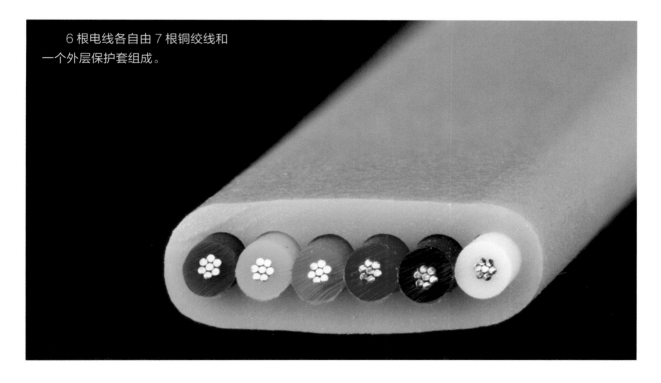

6 根电线各自由 7 根铜绞线和一个外层保护套组成。

DIP 插座

双列直插式封装（DIP）插座允许将集成电路插入电路板并轻松取出，而无须焊接设备。插座本身具有焊接到电路板上的引脚。

夹层插座具有扁平的金属弹簧，推压 IC 每个引脚的一侧。这些产品的生产成本低廉，因为只需要一块冲压成型的金属来连接每个引脚。

机加工插针插座更复杂，要使用专用车床将金属插座单独加工成合适的形状。为了夹住 IC 的引脚，将一组微小的冲压成型弹簧夹压入每个插座。

插座的引脚通常是镀锡的，但高端插座通常会镀金，以防止腐蚀，进而破坏电气连接。

夹层插座具有弹性触点，可夹住
集成电路封装的每个引脚。

机加工插针插座的制造精度高
于夹层插座。它们使用压合弹簧连
接来夹住每个 IC 引脚。

筒形插头和插口

筒形插头和插口常见于使用插入式交流适配器的电子设备上。

插头有一个外部金属筒和一个中心插孔。极性取决于具体的设备：有时中心插孔是正极端子，外筒是负极，但没有统一的标准。插口有一个可插入插头插孔的中心销，以及一个接触插头筒的外部触点。

插口内嵌入了一个简单的开关，一些设备使用它来从电池电源切换到外部电源。将插头插入插口会自动打开开关，断开内部电池。

电路板上的筒形插口

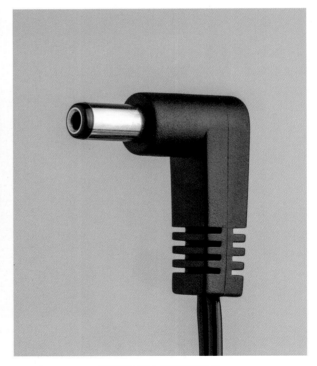

电源电缆上的筒形插头

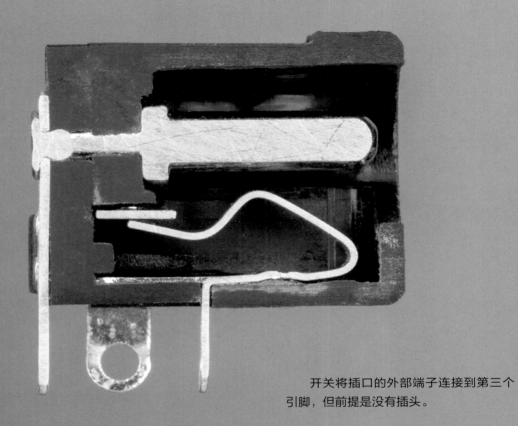

开关将插口的外部端子连接到第三个引脚，但前提是没有插头。

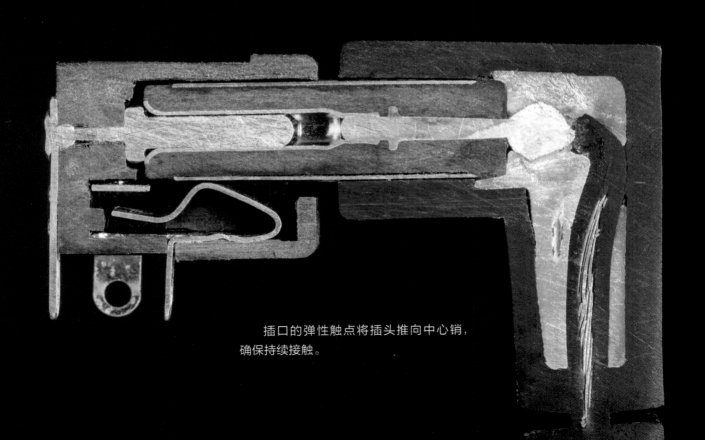

插口的弹性触点将插头推向中心销，确保持续接触。

1/4 英寸音频插头和插口

1/4 英寸（约 6.35 毫米）音频插头有时称为**听筒插头**，是最早发明的连接器之一。它最初是为电话交换机设计的，自 19 世纪 90 年代沿用至今不曾有大的变化。接线员接通电话时，将一根带有这样的插头的电话线插入代表呼叫目的地的插口。

插口有一个弹簧夹，可锁定在插头尖端的凹槽中，将其固定，使其不会轻易脱落。与筒形插口一样，1/4 英寸插口也有一个开关，可以检测到插头插入。

虽然电话系统不再使用这些连接器，但它们仍然是电吉他和合成器等乐器的标准配置。

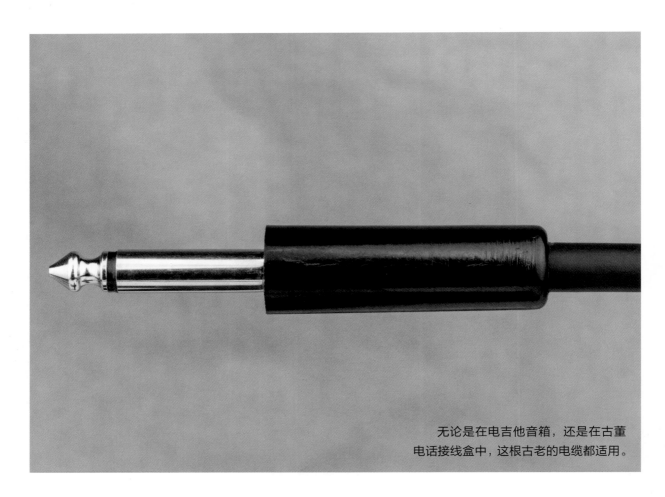

无论是在电吉他音箱，还是在古董电话接线盒中，这根古老的电缆都适用。

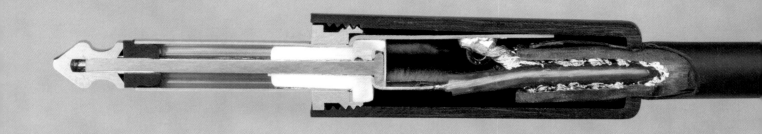

插头的尖端连接到电缆的中心线，
而外套管连接到电缆的外屏蔽层。

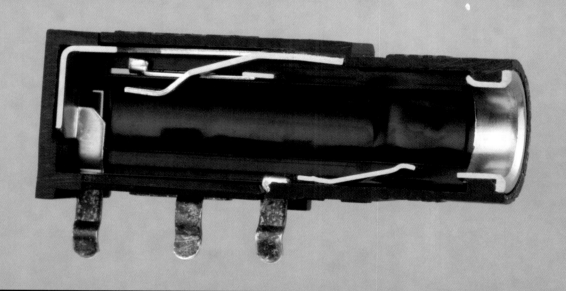

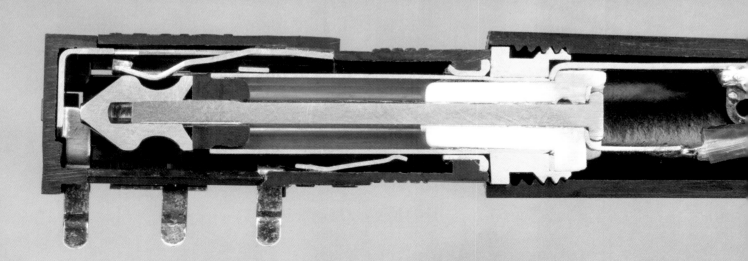

3.5 毫米音频连接器

这个熟悉的音频连接器是 1/4 英寸音频插头的微型版本，通常被称为**耳机插头**（但也用于其他音频信号）。在智能手机上，这些连接器正被 USB-C 和蓝牙所取代，但它们仍然是从设备输入和输出音频的最简单方法。

此插头具有 3 个端子，分别为芯端、环端和套筒，支持双声道立体声音频。

3.5 毫米插口内部有两个微型开关，可在将耳机插入设备时断开内置扬声器。一些计算机使用这些开关来检测插头何时插入插口，从而调出软件配置菜单。

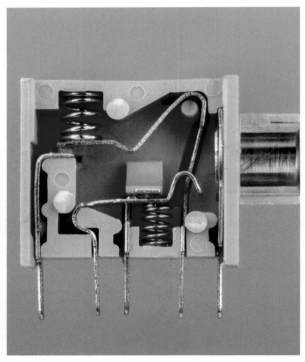

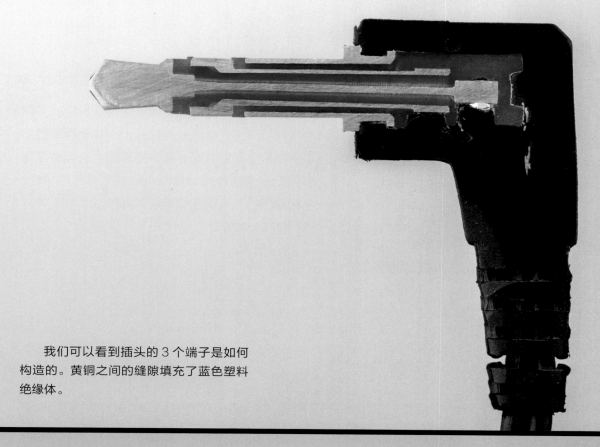

我们可以看到插头的 3 个端子是如何构造的。黄铜之间的缝隙填充了蓝色塑料绝缘体。

插口中的弹簧加压触点可断开两个开关，将插头固定到位，并与芯端、环端和套筒保持接触。

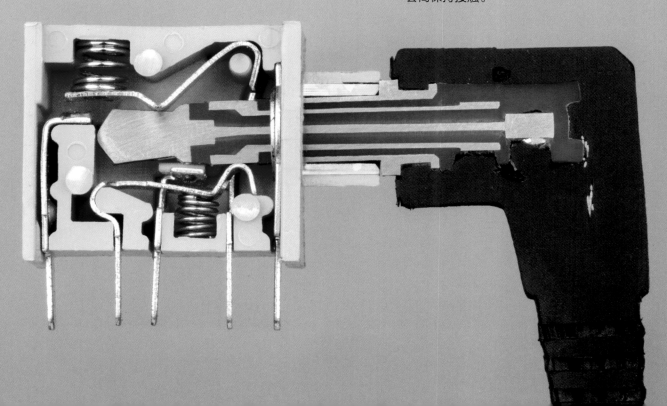

LMR-195 同轴电缆

同轴电缆内部有两个导体：一个是传输信号的中心线，一个是传输接地电流并保护信号免受干扰的外部编织屏蔽层。术语"同轴"有时简写为 coax，表示两个导体拥有相同的中心轴。

该电缆设计用于传输射频（RF）信号。人们很容易将射频想象成沿中心导体传播，但实际上它是沿中心导体与外部屏蔽层之间的间隙移动的。

屏蔽层不只是一根松散的铜线编织物：多层导线相互交叉，在这些导线和中心导体周围的塑料绝缘层之间还有额外的铝箔包裹。这些特性都有助于改善这种高质量 LMR-195 电缆的特性，名称 LMR-195 源于该电缆的直径为 0.195 英寸（约 4.953 毫米）。

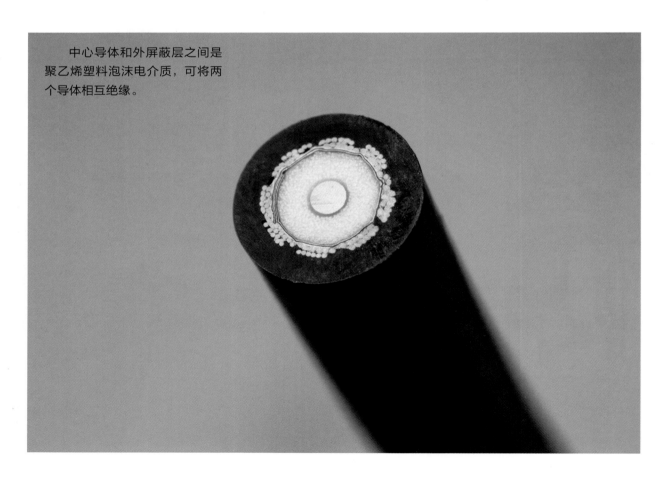

中心导体和外屏蔽层之间是聚乙烯塑料泡沫电介质，可将两个导体相互绝缘。

笔记本计算机电源电缆

这是 MacBook Pro 的电源电缆。从表面看，该电缆就像一根柔软的白色橡胶面条，柔韧且易于抓握。柔韧性来自大量细而柔软的铜线，它们可以弯曲和相对滑动。

内部线束包裹在一个**加强构件**上，它是由高强度纤维（可能是凯夫拉纤维）制成的。内部线束周围的坚固塑料绝缘体可防止电缆过度弯曲。外部线束是电力传输的接地回路。它由方向相反的铜线螺旋组成，与中间的直股相比，它更容易适应长度的变化，有助于提高柔韧性。外层橡胶护套是一种坚韧且有纹理的聚合物，具有橡胶饰面。

此电缆的设计既柔软又坚韧，甚至偶尔因绊倒人而拉扯也没关系。

RG-6 同轴电缆

在电缆调制解调器和墙壁插座之间，连接着一根像右图这样的同轴电缆。

该电缆的总体设计类似于之前的 LMR-195 同轴电缆，但这种 RG-6 电缆的设计成本更低，并且在构造细节上有所不同。例如，它使用铝线代替铜线进行屏蔽，中心导体镀铜而不是由实心铜制成。

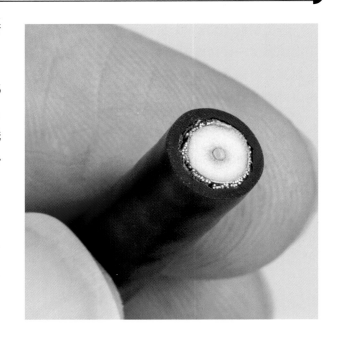

此电缆的屏蔽层有两层铝箔包裹着铝线编织层。

有线电视 RG-59

中等价位的电缆和最便宜的电缆的价格可能相差很大，但价格也能说明质量差异。要真正看到差异，必须将电缆切成两半。

与高质量同轴电缆相比，右图所示的有线电视电缆价格低廉，制造工艺也很差。中心导体不在塑料电介质中间，外屏蔽层只是几股稀疏的电线，塑料护套的厚度也参差不齐。

不一致的剖面和不良的屏蔽都表明，该电缆与同类产品相比性能不佳。

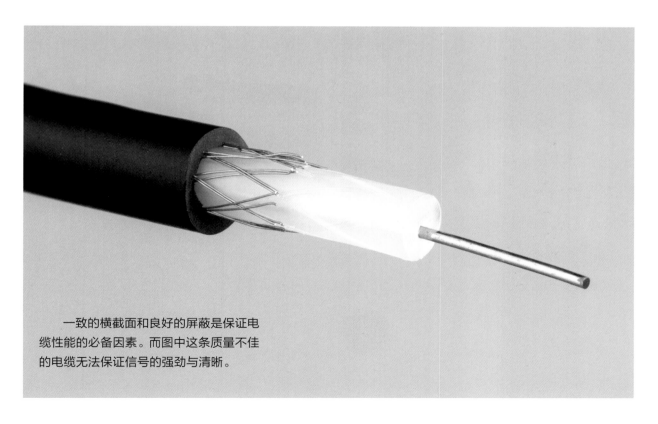

一致的横截面和良好的屏蔽是保证电缆性能的必备因素。而图中这条质量不佳的电缆无法保证信号的强劲与清晰。

F 型连接器

F 型连接器是一种螺纹连接器，可以在电视机顶盒或电缆调制解调器背面找到。这种连接器的一个不寻常的特点是，它的中心"引脚"实际上只是同轴电缆本身突出的中心导体。

当电缆插入插口时，中心导体被夹在一个弹簧状触点中，建立电气连接并将信号传入（或传出）电子器件。塑料垫片有助于将中心导体引导到接触件中。

外六角螺母可自由旋转，可将插头固定到连接器上。一些 F 型连接器使用推入式设计，弹簧夹住螺纹，以便连接器可以简单地推入到位。

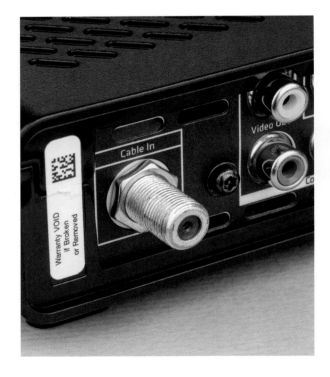

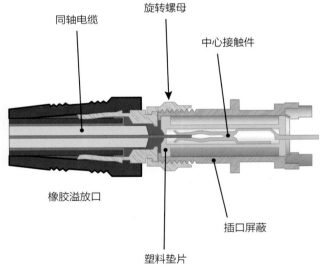

同轴电缆　　旋转螺母

中心接触件

橡胶溢放口

塑料垫片

插口屏蔽

F 型连接器插头和插口是用于有线电视和
互联网的典型连接器。

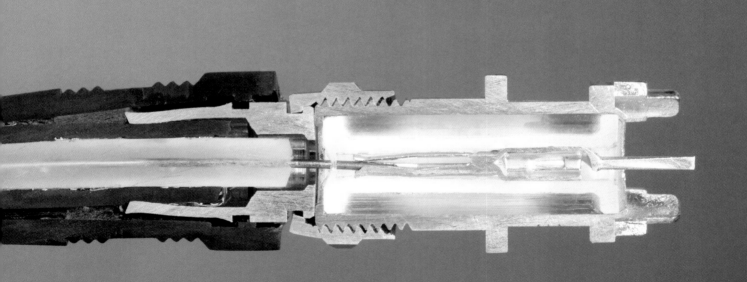

同轴电缆的实心中心导体用作连接器
插头的中心引脚。

BNC 插头和插口

BNC 连接器是一种非常流行的同轴电缆连接器，常用于传输射频信号和一般的实验室设备。与 F 型连接器不同，它只需快速旋转其卡口式安装座的四分之一即可连接和断开连接。

与大多数同轴连接器一样，BNC 连接器使用压接中心引脚而不是裸线本身来建立中心连接。

而且，与其他高质量同轴连接器一样，BNC 的设计沿其主体具有相对恒定的阻抗。

简单来讲，**阻抗**指电路对直流和交流信号呈现的有效电阻值。具有恒定阻抗的电缆和连接器可最大限度减少信号中不需要的回波。

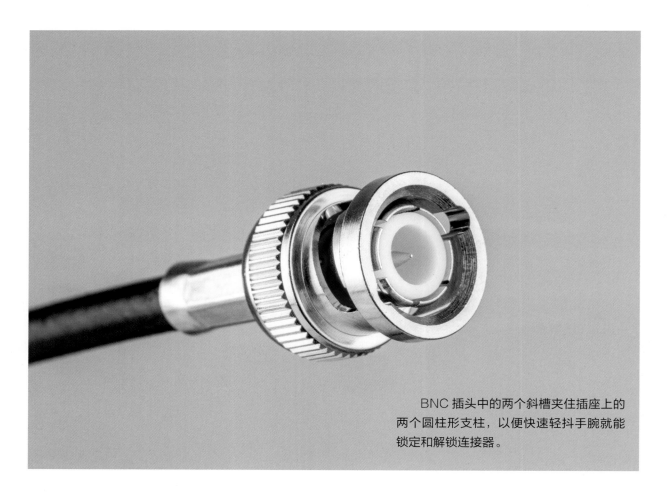

BNC 插头中的两个斜槽夹住插座上的两个圆柱形支柱，以便快速轻抖手腕就能锁定和解锁连接器。

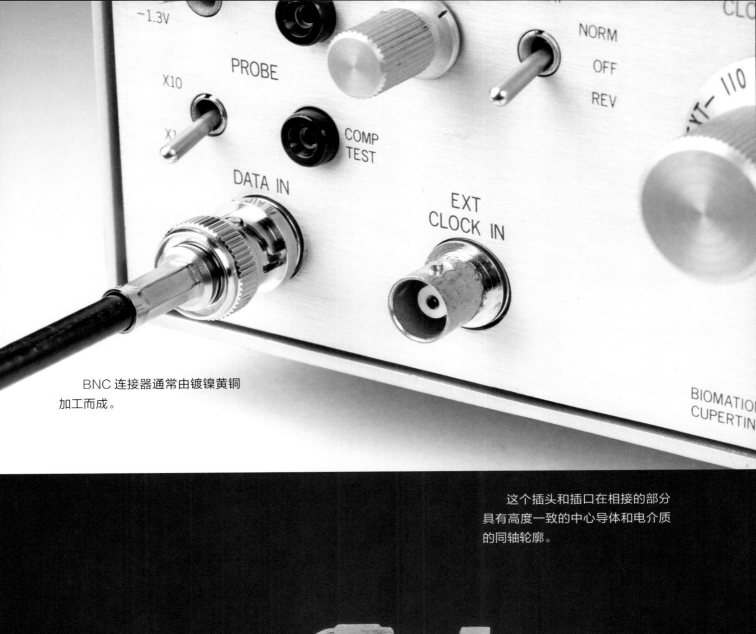

BNC 连接器通常由镀镍黄铜
加工而成。

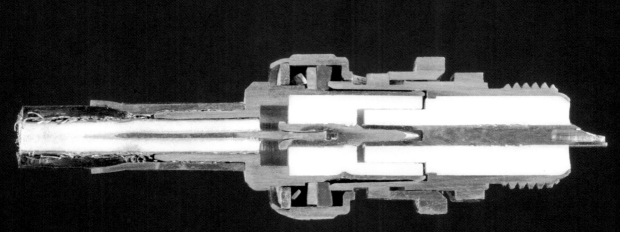

这个插头和插口在相接的部分
具有高度一致的中心导体和电介质
的同轴轮廓。

SMA 连接器

信号发生器等精巧的高科技器件使用小巧、精确的 **SMA 连接器**。它们能比消费级连接器更忠实地传输信号。

与连接器一起显示的电缆被称为"半刚性"电缆，因为它的外部屏蔽层是一个镀锡铜空心管。半刚性同轴电缆不太柔韧，但可以使用专用工具将其弯曲成必要的形状。

SMA 插头有一个可自由旋转的六角螺母，可以拧紧到相应的插口上。

在横截面中可以看出，由于使用了不同类型的金属，它呈现出相当多的细节。外部 SMA 插头部件为不锈钢，而插口则由镀金黄铜制成。

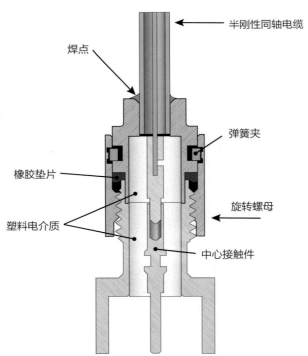

焊点
半刚性同轴电缆
弹簧夹
橡胶垫片
旋转螺母
塑料电介质
中心接触件

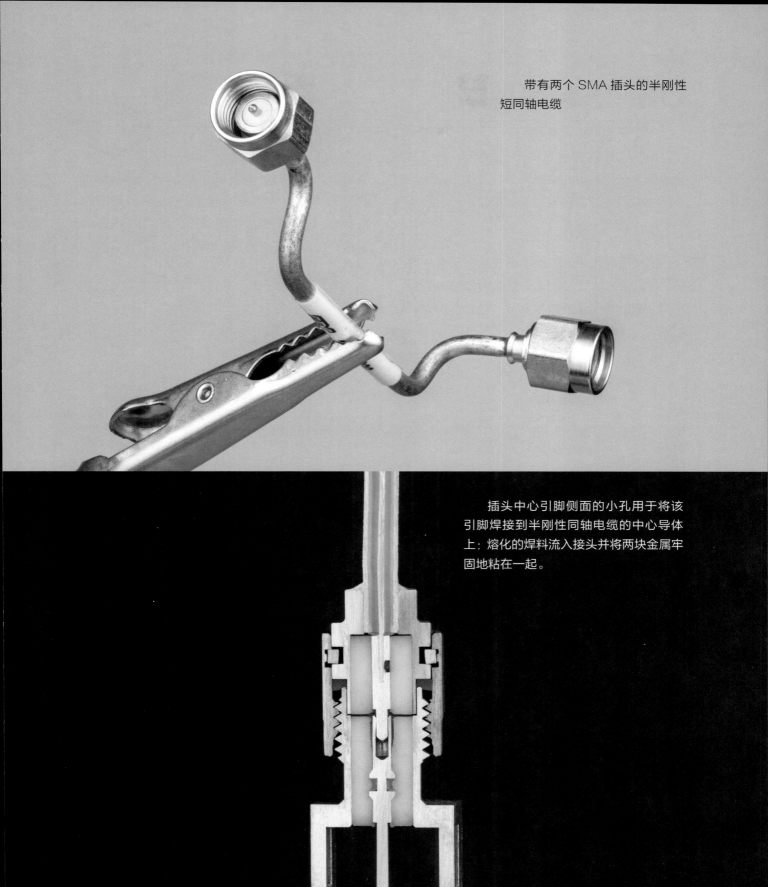

带有两个 SMA 插头的半刚性
短同轴电缆

插头中心引脚侧面的小孔用于将该
引脚焊接到半刚性同轴电缆的中心导体
上：熔化的焊料流入接头并将两块金属牢
固地粘在一起。

DE-9 连接器

旧式计算机使用 **DE-9 连接器**以 RS-232 协议传输串行数据。由于许多计算机和设备仍在使用这种旧式数据传输标准，因此你仍然可以买到 DE-9 电缆和适配器。

这些简单而坚固的连接器在插头上有 9 个引脚，可以整齐地插入插座上的 9 个弹簧加压插孔。梯形金属外壳引导连接器对齐，防止连接时损坏引脚。

DE-9 连接器经常被错误地称为"DB-9"连接器。这可能是因为它与用于并行端口打印机和旧式串行连接的更宽的 DB-25 连接器相似。"B"或"E"是指连接器外壳的尺寸，DE-9 才是这个较小连接器的正确名称。

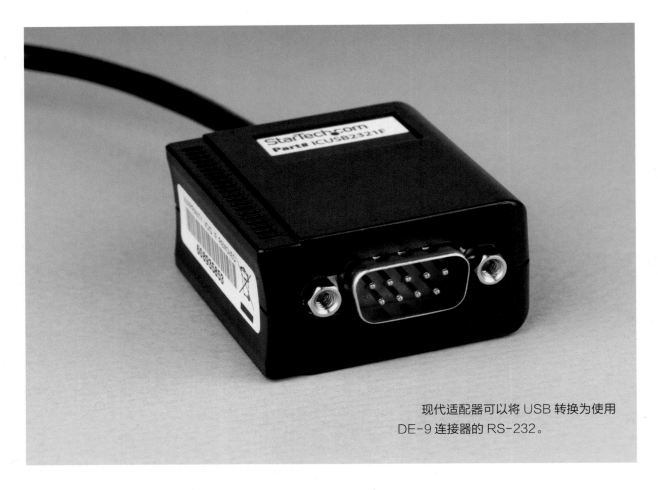

现代适配器可以将 USB 转换为使用 DE-9 连接器的 RS-232。

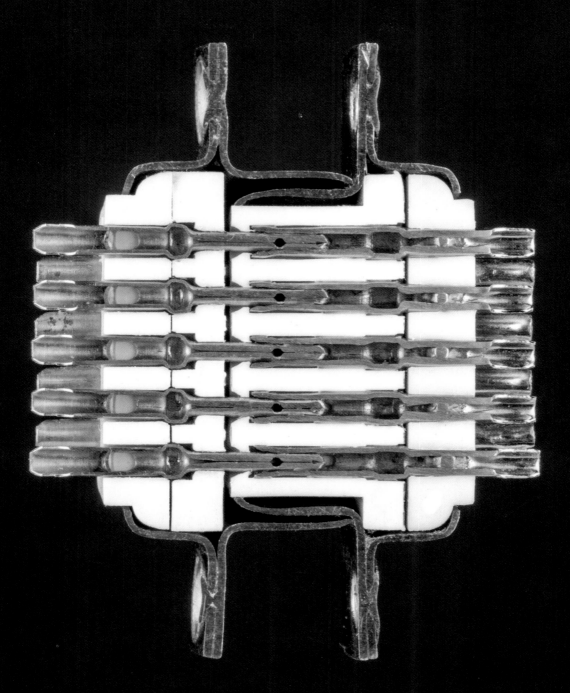

这是一个 DE-9 插头和插座的截面。实际上，电线会分别焊接到每侧的 9 个端子上。

6 类以太网电缆

6 类（CAT6）以太网电缆包含 4 对双绞铜线。

这些通用电缆在全球广泛用于传输本地网络和互联网流量。

CAT6 电缆在前几代电缆的基础上增加了一个内部 X 形塑料垫片，使线对之间保持分离，减少线对之间的信号泄漏。它们的外部还有一个金属箔屏蔽层，以减少来自外部信号的干扰，还有一个单独的"漏极"导体来辅助屏蔽。

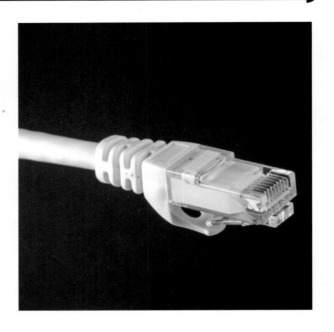

SATA 电缆

SATA（串行连接）电缆用来将计算机的存储驱动器连接到主板。每根 SATA 电缆包含两对双轴电缆。一对双轴电缆将数据传入硬盘驱动器，另一对从硬盘驱动器传出数据。

双轴电缆看起来像两条同轴电缆粘在一起，具有共同的外屏蔽层。信号通过**差分信号**传输，意思是用两根线之间的电压差来表示信号。该系统有效地消除了大多数电气干扰，因为添加到两条信号线上的干扰相等。

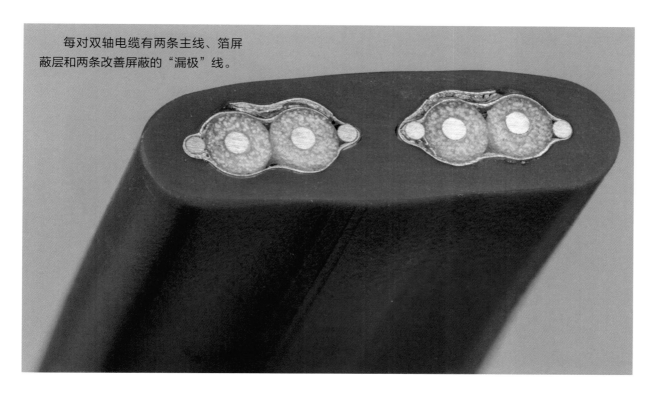

每对双轴电缆有两条主线、箔屏蔽层和两条改善屏蔽的"漏极"线。

HDMI 电缆

高清多媒体接口（HDMI）电缆将计算机显卡和其他视频设备连接到显示器和电视机。

该电缆有 4 对独立屏蔽的双绞线用于传输数据，包括数字视频。视频数据流被分成 4 个单独的串行数字数据流，每对线一个数据流。

在视频显示器端，4 个流合并在一起解码，从而生成画面。

其他非屏蔽线传输低速辅助信号，用于识别显示器的品牌、型号和分辨率，或者允许远程控制音量和其他设置。整条电缆采用多层铝箔和一条铜辫加以屏蔽。

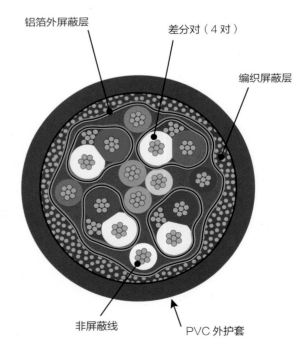

铝箔外屏蔽层

差分对（4 对）

编织屏蔽层

非屏蔽线

PVC 外护套

每对信号线都用箔包裹并用铜漏极线
加以屏蔽。

VGA 电缆

在 HDMI 和 DisplayPort 诞生之前的模拟视频时代，使用**视频图形阵列（VGA）电缆**来将视频信号从主机传输到显示器。

VGA 使用的模拟视频信号由 3 个电信号组成，分别代表红色、绿色和蓝色的颜色分量。对于这里显示的两条 VGA 电缆，制造商已帮助对传输这些信号的 3 个微型同轴电缆进行了颜色编码。其中一根电缆还包含一根较小的灰色同轴电缆，用于传输水平同步信息，而另一根 VGA 电缆使用普通导线实现相同目的。

VGA 电缆还包含其他导线，用于其他同步信号和传输辅助信息，例如识别显示器的数据。

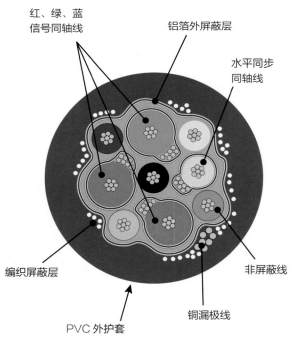

红、绿、蓝
信号同轴线

铝箔外屏蔽层

水平同步
同轴线

编织屏蔽层

非屏蔽线

铜漏极线

PVC 外护套

此电缆的外屏蔽层为铝，
并添加了多股铜漏极线。

此电缆为其红色、绿色和蓝色分量，
使用 3 条易于识别的微型同轴电缆。

基本 USB 电缆

如果你最近使用过计算机，甚至刚刚为手机充过电，你可能使用的是 **USB 电缆**。

切开 USB 电缆和连接器会发现许多有趣的细节。插头使用绝缘位移触点，类似于我们在带状电缆中看到的情景。一对微小的金属齿穿过每根电线的绝缘层，与内部导电的铜建立电接触。

在电缆内，我们可以发现两根较大的红色和黑色电源线，以及两根较小的白色和绿色信号线。它们均为 7 股线：较粗的线中每股线也较粗，没有额外的股数。多层包裹的箔和铝编织线屏蔽信号，用于防止干扰。外保护套由 PVC 塑料制成。

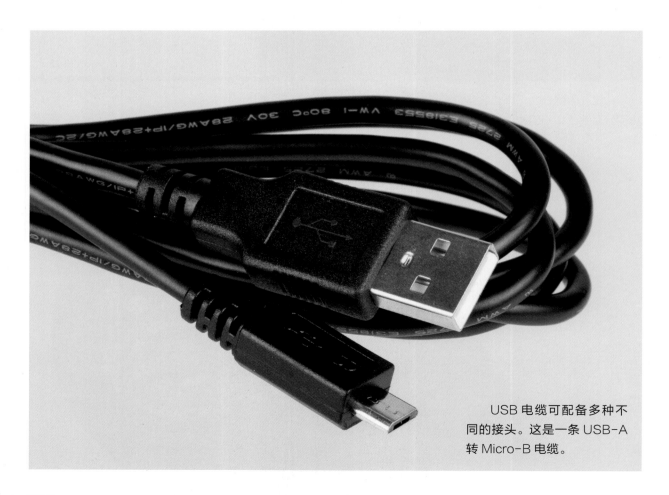

USB 电缆可配备多种不同的接头。这是一条 USB-A 转 Micro-B 电缆。

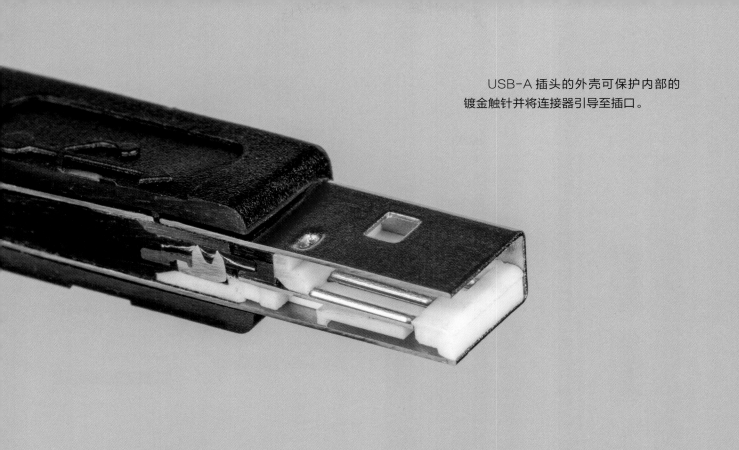

USB-A 插头的外壳可保护内部的镀金触针并将连接器引导至插口。

基本 USB 电缆仅包含几根传输信号和电力的线。较新的"超高速"USB 电缆要复杂得多。

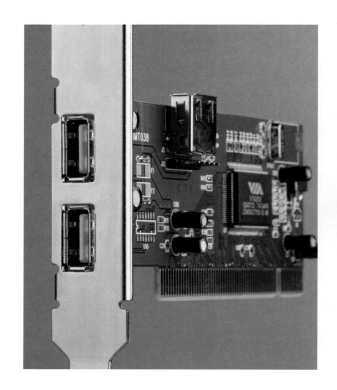

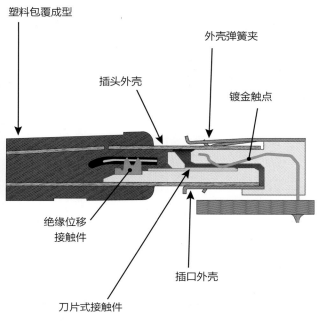

塑料包覆成型

外壳弹簧夹

插头外壳

镀金触点

绝缘位移
接触件

插口外壳

刀片式接触件

USB 插口

　　USB 插口中的镀金接触夹就像弹簧一样，紧紧地压在插头内的扁平金属刀片接触件上。

　　外壳上的弹簧夹锁在插头上的凹槽中，有助于防止电缆在插入后脱落。

　　插入电缆时的"咔哒"声就来自这些弹簧夹。

　　如果感觉需要多次尝试才能插入 USB 电缆，则原因在于这些弹簧夹有点太僵硬了。

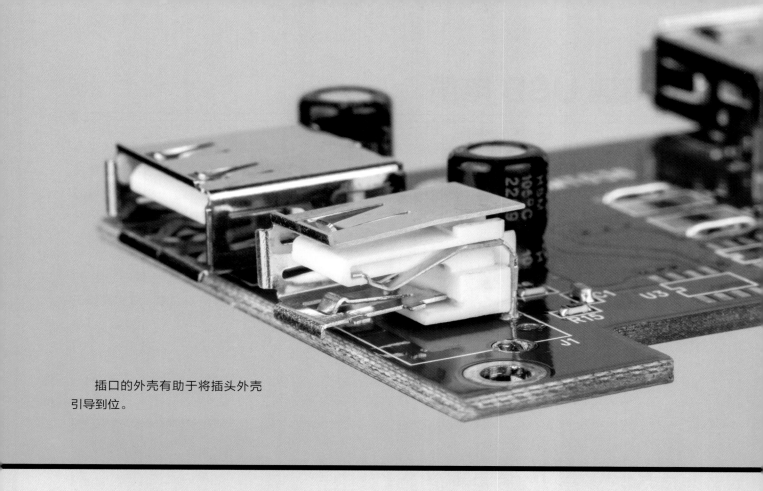

插口的外壳有助于将插头外壳引导到位。

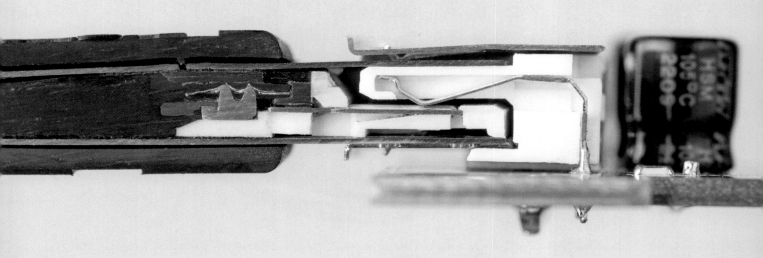

插口中的镀金弹簧夹牢固地压在插头中的接触件上。

超高速 USB 电缆

超高速 USB 电缆简直是一件小巧而精密的艺术品。

最引人注目的是 8 根微型屏蔽同轴电缆，每根直径仅为 1 毫米，并带有自己的颜色编码箔包裹层。每两根同轴电缆形成一个高速数据传输通道。总共有 4 个通道，USB 电缆传输数据的速度可达到 10 GB 每秒。

在靠近中心的地方，电缆提供了为设备供电的粗红线和黑线，以及一对屏蔽的绿色和白色信号线。从某种意义上讲，这就是一根嵌入高端超高速电缆内的低端基本 USB 电缆，以实现向后兼容性。

外屏蔽层附近的 4 根较细的线传输辅助信号。整根电缆用外部编织铜屏蔽层包裹，以提高抗干扰能力。

除了电气连接外，该电缆还有一个加
强构件，材质类似凯夫拉纤维，可在中心
附近的黄色区域中的红色和黑色电源导线
之间看到。

5

怀旧科技

　　简单来讲，一些极具标志性的电子元件已经过时。照相机的闪光灯泡已经让位于 LED，数码管（在除美学外的任何意义上）已被七段式显示屏取代，模拟面板仪表已被数字显示屏取代。这一部分介绍的一些产品已经停用了几十年，还有一些产品（比如白炽灯）正悄然离去。

霓虹灯

霓虹灯内含有少量的惰性气体氖。当在灯的两个平行电极之间施加足够的电压时，该气体就会电离并发出独特的橙色光芒。

外部玻璃外壳将电极固定在适当的位置并防止氖气逸出。在向霓红灯中注入氖气后，通过顶端的玻璃球封住外壳。

在引线上施加直流电压时，只有负电极（阴极）点亮。借助每秒多次在正负极之间交替的交流电压，每个电极会轮流点亮。由于视觉暂留作用，因此两个电极看起来似乎都亮着。

霓虹灯通常用作交流电源的指示灯——例如，在延长线、电灯开关和电源开关中。

在任何给定时刻，只有一个电极会点亮。因为两个电极快速交替闪烁，所以看起来好像都被点亮了。

这盏霓虹灯的直径约为
6 毫米。它的底座印有 GE，
代表通用电气公司。

数码管

在七段 LED 显示屏普及之前，制造商使用注入氖气的独特**数码管**来显示数字信息。

就像霓虹灯一样，当电极连接到高压时，数码管内的气体就会电离。与霓虹灯不同的是，每个负电极形成一个数字的形状。每个被照亮的数字周围的光晕范围足够宽，使得电极可以堆叠成紧凑的阵列，而不会相互遮挡。下图显示的数码管有两个阳极：数字前面的六边形栅和后面的实心金属后壳。

尽管数码管的原始制造商几十年前就关闭了他们的工厂，但很多人喜欢这种独特的显示技术所产生的柔和的橙色光芒，以至于新工厂又开始生产数码管。

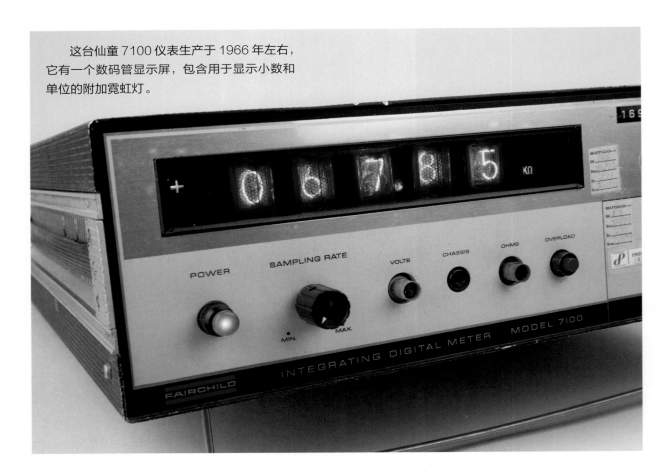

这台仙童 7100 仪表生产于 1966 年左右，它有一个数码管显示屏，包含用于显示小数和单位的附加霓虹灯。

ZM1030数码管具有橙色涂层，
以增加显示对比度。

数码管内部结构

去除数码管的玻璃外壳和六边形正面阳极栅后，我们可以看到内部成形的阴极。不同的数字堆叠在此，并由绝缘陶瓷垫圈分隔。

这个数码管的针脚比数字少。奇数数字位于前半部分，并通过正面阳极栅点亮。偶数数字位于后半部分，通过背面阳极（即数字后面的黑色金属外壳）点亮。

阴极成对连接在一起，以便（例如）数字 0 和 1 连接在一起，但一次只有一个数字点亮，具体取决于哪个阳极处于活动状态。

一个由极细钨丝制成的透明隔板（大约 0.01 毫米厚）将管子的前后两半分隔开来，以将每个阳极的影响限制在各自的部分之内。

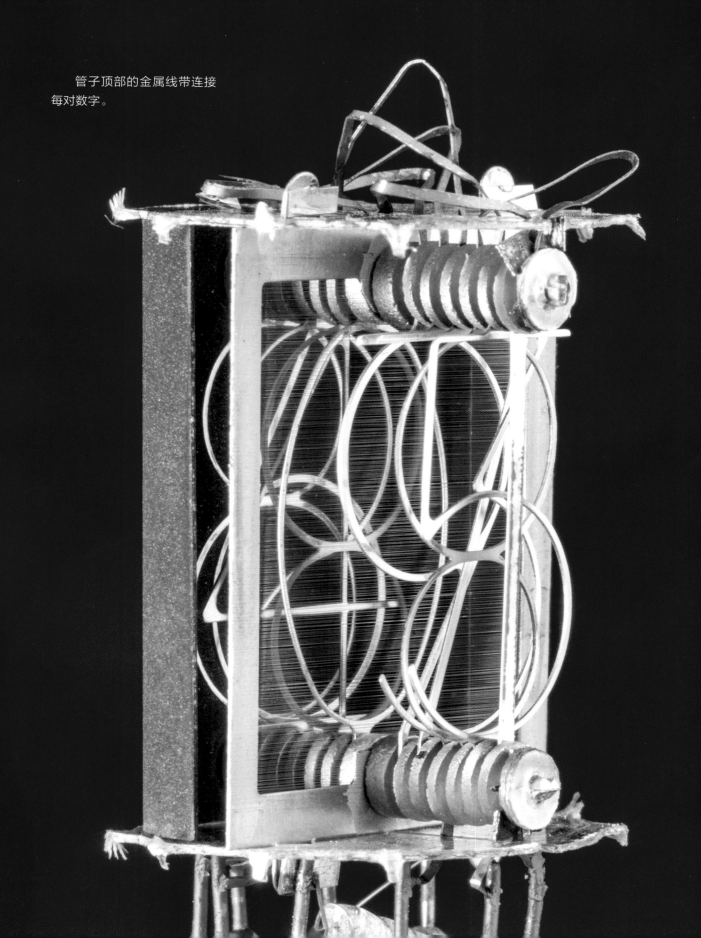

管子顶部的金属线带连接
每对数字。

12AX7 真空管

全世界的音响爱好者和吉他演奏者都知道，标志性的 **12AX7 真空管** 自 20 世纪 40 年代以来一直被用于放大信号。

在 12AX7 真空管的横截面中，可以直接看到里面有两个相同的主结构。12AX7 是一个 **双三级真空管**，可以一次放大两个信号。两个 **三极管** 分别有三个元件：内圆柱形 **阴极**、**线栅** 和外 **极板**。

三级管的下面是一个云母垫圈，用于绝缘和支撑这些元件。

12AX7 真空管在工作时，阴极被微小的电阻丝加热，发出真空管特有的暖光。阴极发射的电子流向极板，但可以被施加到线栅上的小电压排斥。因此，施加到线栅上的小信号可以在极板上放大成更大的输出。

管中的真空使电子能够自由流动，而不与空气分子相互作用。

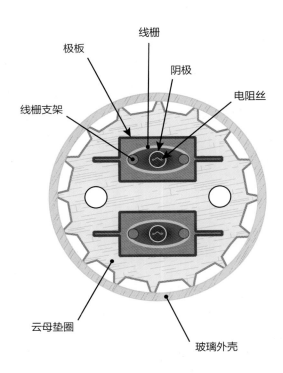

极板
线栅
阴极
电阻丝
线栅支架
云母垫圈
玻璃外壳

双三极管内部有两个相同的主结构。

为便于摄影，去除了这个真空管的上部，包括第二个云母支撑垫圈。

真空荧光显示屏

真空荧光显示屏（VFD）是一种用于显示信息的特殊真空管。尽管七段 LED 显示屏已经兴起，但 VFD 仍被广泛应用于汽车仪表盘和家用电器。

薄而宽的真空管具有平坦的玻璃面，VFD 属于低压设备，本质上是三极真空管（比如 12AX7），但它们的阳极板涂有磷光剂。阴极是一组 6 根非常细的加热丝，它们紧紧串联在显示屏的前面。阴极下方是由非常薄的金属片蚀刻而成的控制栅。控制栅的下方是构成可见显示元件的涂有荧光粉的阳极板。

加热丝释放出电子。将电压施加到涂有荧光粉的特定阳极时，它会吸引电子并发出熟悉的绿色荧光。

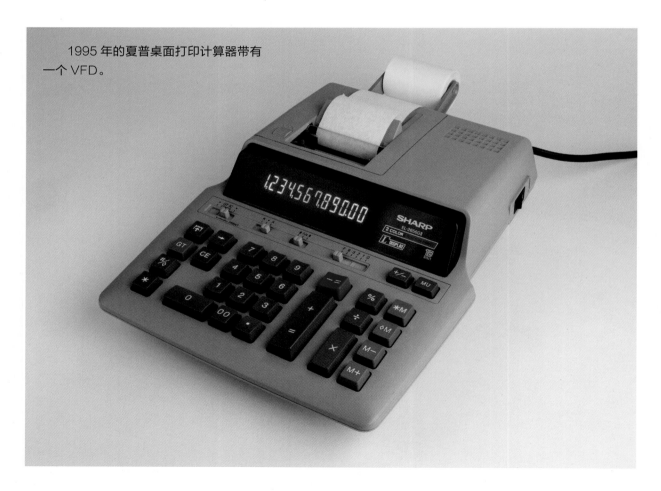

1995 年的夏普桌面打印计算器带有一个 VFD。

雕刻电路的真正瑰宝：显示屏通过一系列点焊引线悬在空中。

阴极射线管

阴极射线管（CRT）曾经是每台电视机和计算机显示器的显示屏。这个名字是一个历史产物，指的是由加热的阴极发出的"射线"，而现在这些射线被称为电子。

CRT 通过我们刚刚在真空荧光显示屏中看到的相同过程生成图像：电子在真空中撞击荧光粉。具体来讲，CRT 是一个真空管，其中有一个**电子**枪产生极细的电子束，射向涂有荧光粉的屏幕，电子束击中的地方就会发光。管子周围的电磁铁将光束引导到屏幕周围，一次一行地建立一幅完整图像，就像有人有条不紊地修剪草坪一样。

下图展示的黑白 CRT 非常小，是用于摄像机取景器的类型。

这款 CRT 取景器来自 20 世纪 90 年代的 JVC 摄录像机。

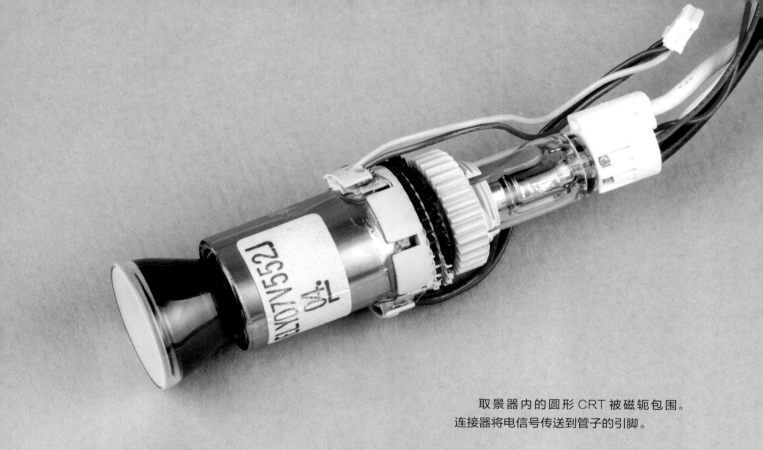

取景器内的圆形 CRT 被磁轭包围。
连接器将电信号传送到管子的引脚。

磁轭包含可调节的铁氧体片，以及用
于向上、向下、向左和向右操纵光束的垂
直偏转线圈。

CRT 的内部结构

CRT 的核心是一把电子枪，这是一种产生聚焦电子束的专用真空管组件。

CRT 通过加热丝工作。对于这种微型 CRT，加热丝由直径约 0.01 毫米的超细电线制成。将电线盘绕并拉伸穿过 0.7 毫米的间隙，这大约是7 张纸的厚度。加热丝释放出电子，然后电子被施加在一系列杯形电极上的高压聚焦并加速射向屏幕。当电子离开电子枪时，它们被磁轭偏转到荧光屏上的正确位置。

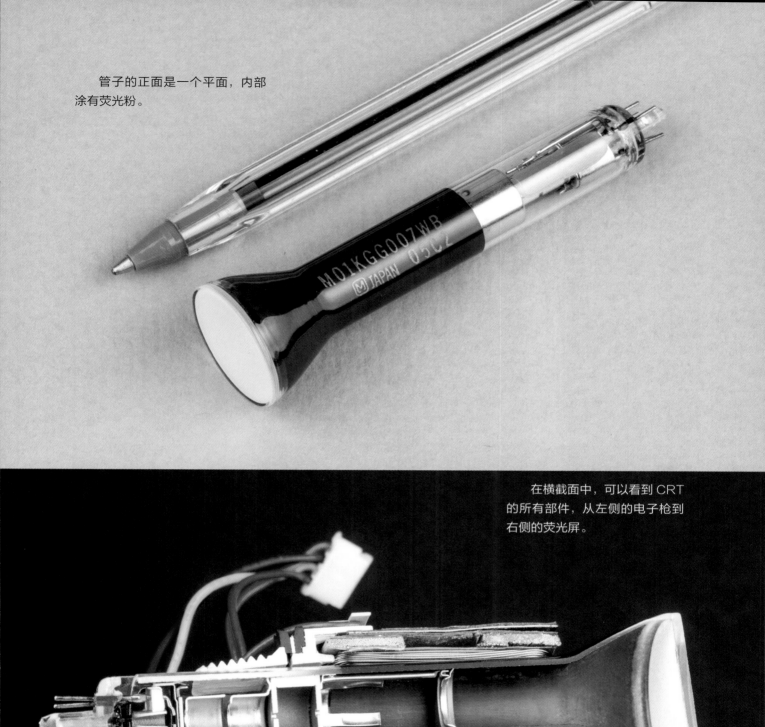

管子的正面是一个平面，内部
涂有荧光粉。

在横截面中，可以看到 CRT
的所有部件，从左侧的电子枪到
右侧的荧光屏。

倾斜开关

在这个最简单的开关中，一小团导电的液态金属汞可以通过与两个电极接触来连通一条电路，但前提是设备处于直立状态。当设备向下倾斜时，汞会与电极分开，从而断开电路。

由于汞具有毒性，这些开关不再容易获取，但多年前在简单的机电恒温器中就可以找到它们。开关固定在盘绕的双金属片的末端。加热或冷却金属带，就会旋转开关，直到达到设定温度，开关就会闭合，加热器或空调就会打开。

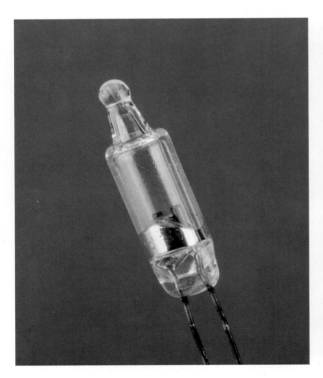

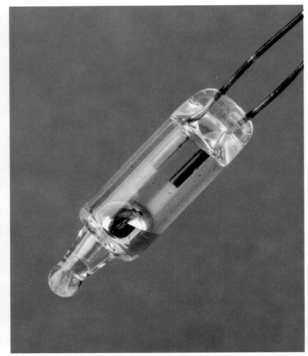

老式线绕电阻器

小型的碳质电阻器不能承受太大功率，它们在功率超过几瓦时就会过热，易碎的碳涂层就会分解。更大功率的电阻器由缠绕的电阻丝制成，并采用可以承受高温的陶瓷封装。这里显示的两种线绕电阻器都是近一个世纪以来的经典设计，今天仍在生产它们的各种版本。

管状搪瓷电阻器是一种经典的坚固、低成本的线绕电阻器。像这样的（侧面没有搪瓷的）电阻器可以与夹合式接帚一起用作粗略电位计。

云母卡片式电阻器用于需要在很宽的功耗值范围内工作的高度稳定的电路。它有一段细电阻丝，可以精确校准，在耐热云母卡片上缠绕多圈。

管状搪瓷电阻器

云母卡片式电阻器

碳合电阻器

碳合电阻器常见于老旧的电子产品中，例如古老的无线电设备。电阻元件是一种碳"合成物"，通常称为复合材料。它最初是由导电碳粉、非导电陶瓷黏土和黏合剂树脂制成的浓稠膏状物。

复合材料固化后呈现出如同水磨石地板的外观。浅白的黏土颗粒与深色的含碳树脂相映成趣。外壳由酚醛树脂（例如胶木）模制而成。

注意，该复合材料颗粒在连接线末端附近发生了变形。在固化之前，电线被推入浓稠膏状物中。

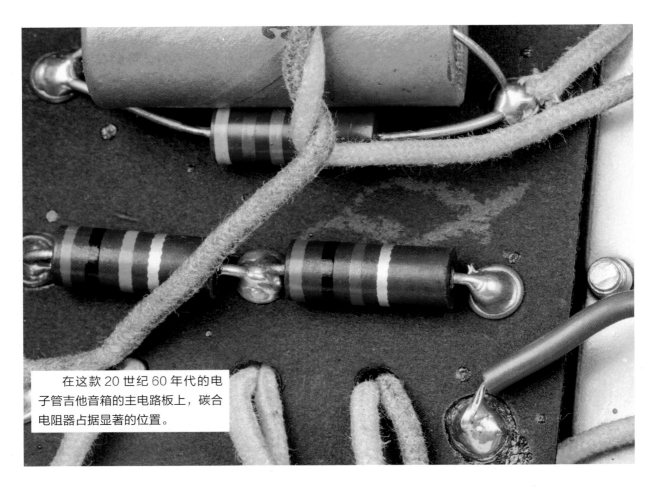

在这款 20 世纪 60 年代的电子管吉他音箱的主电路板上，碳合电阻器占据显著的位置。

Cornell-Dubilier 9LS 电容器

这款 20 世纪 20 年代的电容器中的介电材料是云母，是一种天然矿物，像玻璃一样透明。云母是一种电绝缘体，很容易分裂成厚度均匀的平行薄片。

电容器的电极由软金属板制成。为了提高电容，多层金属板和云母片交替堆叠在一起。这个"三明治"被紧紧压缩并用绝缘化合物浸渍，然后连接到作为接触点的螺纹嵌件上。最后，整个组件在胶木中进行模制，以保护脆弱的内部元件。

W. DUBILIER.
CONDENSER AND METHOD OF MAKING THE SAME.
APPLICATION FILED OCT. 30, 1918.

1,345,754.　　　Patented July 6, 1920.

Fig.1.

Inventor
William Dubilier

电容器两端的金属线缠绕在螺钉
端子上，以建立电气连接。

通过微距摄影，可以看到该电容器
的叉指层：闪亮的银层被较暗的云母层
隔开。

浸银云母电容器

这种类型的**银云母电容器**是在 20 世纪 50 年代左右发明的，没有使用单独的软金属板和云母片，而是使用特殊的电镀过程，将银直接沉积在云母绝缘体表面。与 Cornell-Dubilier 电容器一样，多个电镀金属片堆叠在一起以获得更大的电容。

云母片之间的薄金属箔层将镀银电极连接到压接在堆叠结构上的两个大型黄铜色金属夹。完成的电容器被封装在酚醛树脂中加以保护。

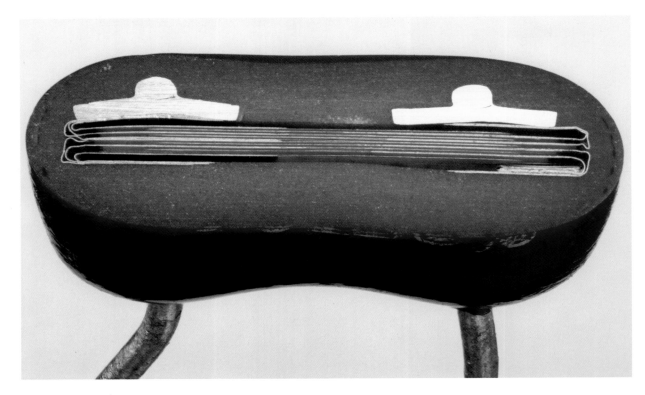

轴向多层陶瓷电容器

前面我们研究了直接安装在印刷电路板上的多层陶瓷电容器（MLCC）。有一段时间，MLCC也被密封在连接着电线的微小玻璃管内，因此可以通过将电线焊接到电路板的电镀通孔中来安装它们，就像普通的轴向电阻器或二极管一样。

这里使用的玻璃外壳、连接和密封技术与用于玻璃封装二极管的技术相似。

这种轴向封装的 MLCC 与草莓冰淇淋三明治非常相似，具有大约 30 个叉指状金属层。

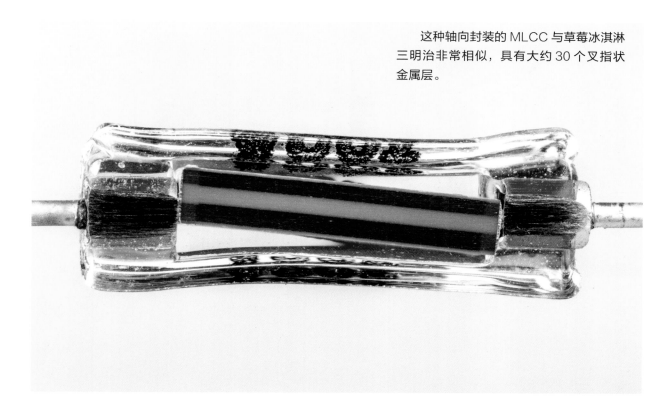

IF 变压器

　　IF 变压器是中频变压器（intermediate frequency）的缩写，是一种通常具有内置电容器的可调电感器。这些元件曾经在电视机和收音机中非常流行，例如照片中 20 世纪 60 年代的晶体管收音机电路板。

　　电感器的电感量取决于其磁芯的类型和位置，IF 变压器的磁芯是一个可移动的螺旋形铁氧体棒。当铁氧体棒（使用不会使脆性铁氧体破裂的特殊塑料工具）旋转时，它会在电感器线圈内上下移动。这会改变 IF 变压器的特性并调节使用它的电路的响应。拥有一个内置电容器，可以让电路设计人员节省一个外部元件。

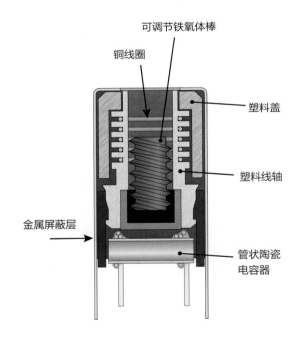

可调节铁氧体棒

铜线圈

塑料盖

塑料线轴

金属屏蔽层

管状陶瓷电容器

IF 变压器底部的银色切割
管是一个老式管状陶瓷电容器，
在 20 世纪 60 年代很常见。

白炽灯

白炽灯是一种经典的灯泡，其中炙热的钨丝会因为加热而发光。这些灯泡作为光源并不是特别高效，因为它们的大部分功率输出都以热量而不是光的形式释放，这就是它们现在被 LED 灯取代的原因。

乍一看，白炽灯的灯丝甚至在中倍放大时似乎也只是一个简单的线圈。但在高倍放大时，可以发现它是由更细的灯丝组成的线圈。

灯丝的末端温度较低，因此不会发光，部分原因在于两个垂直支架充当了散热器，将热量从灯丝的末端导出。

打开白炽灯的开关会产生一个热脉冲，这会给灯丝带来很大的压力。这就是白炽灯往往会在开灯的那一瞬间烧毁的原因。

第一个可用的白炽灯使用一缕很细的碳丝作为灯丝。这些碳丝很快被钨丝取代，钨丝使用寿命更长，制造成本更低。

白炽灯灯丝是一圈非常细的钨丝。

相机闪光灯

白炽灯的设计使其在烧毁之前能使用尽可能长的时间，而一次性**闪光灯**的设计使其在第一次打开的瞬间就被烧毁——恰好有足够的时间曝光摄影胶片，从而得到漂亮的照片。

闪光灯中没有钨丝，而是包含镁带、金属丝或金属箔，包装在充满氧气的玻璃外壳中。当施加电压脉冲时，镁会升温并点燃，在富氧大气中快速燃烧，并发出比基于频闪的现代相机闪光灯持续时间更长的明亮闪光。

这些灯泡外部的蓝色塑料涂层会过滤输出的光并强化玻璃外壳。

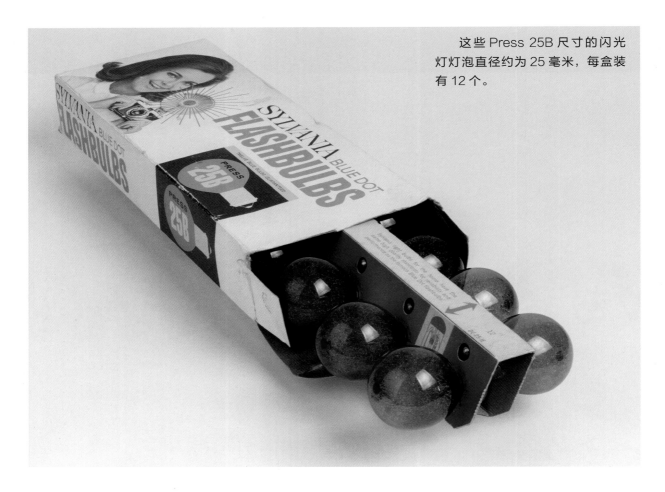

这些 Press 25B 尺寸的闪光灯灯泡直径约为 25 毫米，每盒装有 12 个。

这款闪光灯灯泡具有卡口式底座，
便于快速更换相机闪光灯组件。

光敏电阻器

光敏电阻器还有许多其他的名字：**光电池**、**硫化镉电池**或**依光电阻器（LDR）**。它是一种类似于电阻器的电路元件，但它的电阻会根据照射到它的光量而变化。

光敏电阻器由涂有硫化镉（CdS）或硒化镉（CdSe）的陶瓷基板制成。金属电极位于顶部，具有独特的叉指形状。中间的弯曲线条是两个电极之间又长又窄的间隙，暴露出下面的镉化合物。

镉化合物可能呈亮黄色或红色。CdS 和 CdSe 在绘画颜料中分别称为**镉黄**和**镉红**。这两种化合物都会随着光照变化而改变其电阻率。

镉化合物是有毒的，含有它的光敏电阻器正逐渐被淘汰，取而代之的是硅光传感器。

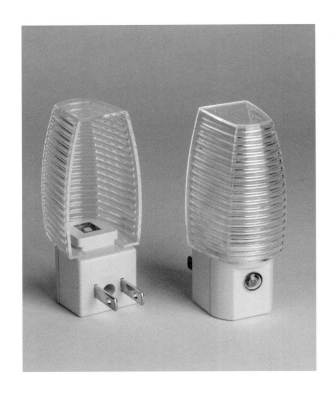

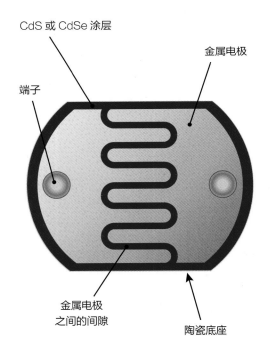

CdS 或 CdSe 涂层

金属电极

端子

金属电极
之间的间隙

陶瓷底座

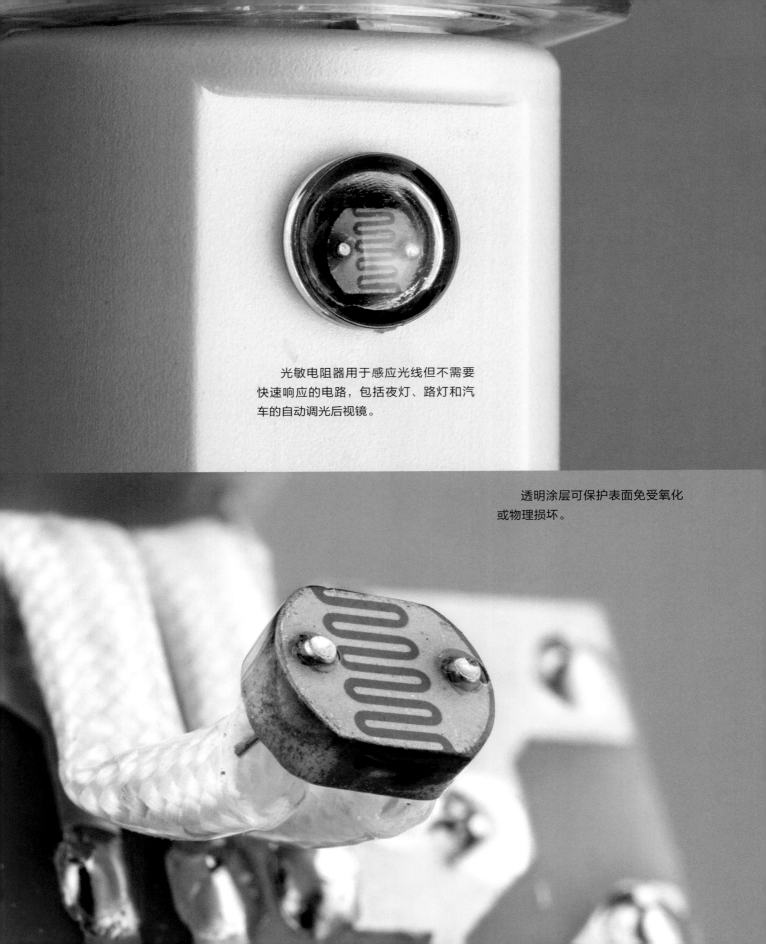

光敏电阻器用于感应光线但不需要
快速响应的电路，包括夜灯、路灯和汽
车的自动调光后视镜。

透明涂层可保护表面免受氧化
或物理损坏。

点接触二极管

点接触二极管有时称为 CAT 晶须二极管或**晶体二极管**，可以通过将细金属线（"晶须"）接触一块半导体晶体来制作它。

这种特殊的点接触二极管有一根钢丝接触一块方铅矿，方铅矿是一种天然的硫化铅矿物，它恰巧也是半导体。可通过调节金属线的位置来接触晶体上的不同点，使用户能够寻找表面上性能最佳的区域。

只需使用一个这样的点接触二极管、一段用于制作天线的导线和一副耳机，就可以构建一个粗制的调幅无线电接收器。这种**矿石收音机**不需要电池，直接由它接收的无线电波供电。

锗二极管

经典的**锗二极管**即使在今天也可以在矿石收音机中找到，但它们大部分已被更现代的二极管设计所取代。这是一种点接触二极管，使用的半导体是一块锗，而不是方铅矿或其他类型二极管中的硅。

锗二极管的外部结构与其他玻璃封装二极管非常相似。在二极管的内部，一块微小的锗方块焊接在阴极铜上。

这个二极管中的"晶须"是一根细长的金线，呈弹簧状，并有一个极细的触点。这根金线焊接到阳极引线并插入玻璃外壳中，直到与锗接触。然后电流通过晶须和锗，将它们融合在一起。

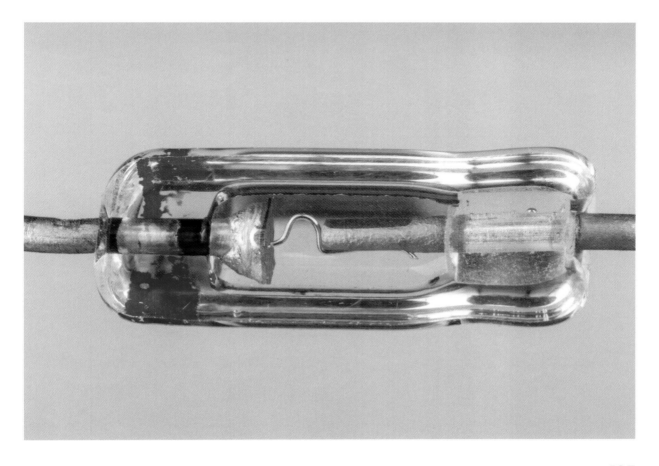

μA702 集成电路

这款芯片标记为 μA702，是第一款进入市场的模拟集成电路芯片。它由仙童半导体公司的传奇 IC 设计师 Bob Widlar 设计并于 1964 年发布。硅晶粒上总共有 9 个晶体管。

μA702 是一款**运算放大器**，一种对模拟信号进行削减和放大的器件。运算放大器是模拟电路的基本构建块，就像逻辑门对于数字电路一样。

在 TO-99 型金属罐封装内，可以看到这种特殊器件手工组装或返工的证据。比如，看起来芯片起初偏离了中心放置，然后滑入到位，留下了一道环氧树脂的痕迹。右边的黑色划痕或许是镊子留下的痕迹，可能是移动芯片的结果。后来，芯片用自动化设备组装，也就没有人为触摸的迹象了。

采用 TO-99 金属罐封装的老式集成电路。

芯片通过 8 条封装接线连接。其中 7 条连接到用玻璃密封绝缘的引脚。第 8 条引脚与罐体建立电连接。

窗式 EPROM

只读存储器（ROM）是只能读取而不能写入的永久性计算机存储器。在实践中，许多 ROM 器件需要在某个初始点进行编程。如果设备可以擦除和重写，而不是在一次使用后丢弃，那就很方便了。

这种**可擦除可编程只读存储器（EPROM）**芯片有一个石英玻璃窗口，使硅晶粒暴露在紫外线中，紫外线会擦除存储器数据，将每一位重置为数字 1。之后可以对芯片重新编程，将一些位设置为 0 来存储数据。

EPROM 芯片曾经常被用作计算机主板上的 BIOS 芯片，通常在窗口上贴上不透明的贴纸。它们已经被 **EEPROM**（电可擦除可编程只读存储器）及其衍生的闪存所取代。

　　EPROM 的陶瓷 DIP 有一个
石英玻璃窗口，允许紫外线擦除硅
晶粒上的存储器数据。

磁芯存储器

在廉价的存储器芯片出现之前，**磁芯存储器**是用于计算机主存储器的少数可靠技术之一。与包含数十亿位的现代存储器芯片不同，磁芯存储器包含的位数非常少，以至于每一位都清晰可见。每个甜甜圈形状的磁芯由铁氧体陶瓷制成，可以在两个方向中选择一种磁化，这两个方向分别代表二进制 1 或 0。

穿过磁芯的红色水平线栅和垂直线栅用于寻址一个磁芯，以进行读写。穿过每个磁芯对角的黄铜色线是**读出线**，用于读取存储在选定磁芯中的信息。黑线是**抑制线**，可以通过抵消红线的磁场来选择性地阻止信息被写入一组磁芯。

卡西欧 AL-1000 计算器的磁芯存储器平面，生产于 1967 年左右，具有 448 位或 56 字节的存储器。

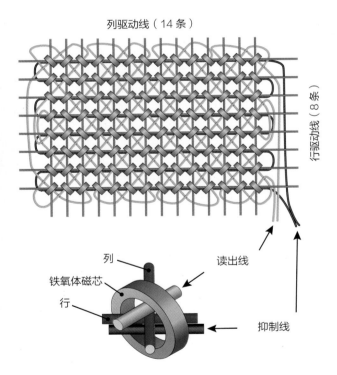

列驱动线（14 条）

行驱动线（8 条）

列

铁氧体磁芯

行

读出线

抑制线

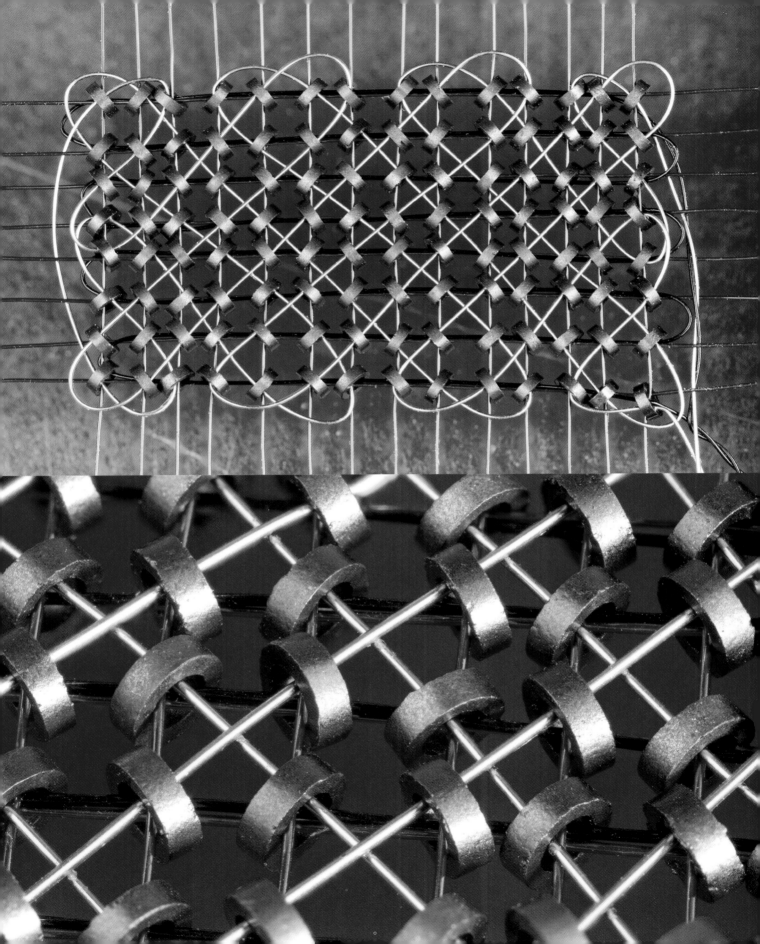

IBM SLT 模块

在 20 世纪 60 年代，IBM 开发了一种混合电路模块，称为 **SLT**，即固态逻辑技术。这些紧凑、坚固的模块取代了整个电路卡的元件，将电阻器、二极管和晶体管安装到比方糖还小的封装中。

SLT 模块包含多个微型芯片，每个芯片都有一个晶体管或一个双二极管阵列。该模块没有使用封装接线，晶粒上的焊料凸点将它们连接到模块陶瓷基板上的导电银电路。这种焊料凸点方法远远领先于那个时代，是智能手机 SoC 中"倒装芯片"安装的前身。

在这些高密度 SLT 模块旁边的电路板上看到诸如碳合电阻器之类的老式组件，感觉它们似乎不处于同一时空。

各个 SLT 晶体管晶粒。注意每个晶粒上的焊料凸点。

一个裸片陶瓷 SLT 模块，其中晶粒尚未贴合到位。

SLT 模块采用铝盖封装在陶瓷电路板上。

模拟仪表

在廉价 LCD 面板和 LED 显示器出现之前的几年里，模拟仪表被广泛用于指示电压和电流。

这里显示的模拟仪表类型具有固定的永磁体，它推压并转动电磁体以旋转连接的指针。

旋转的电磁体由两条紧绷的金属带悬挂并绕其旋转，一条金属带在线圈上方，另一条金属带在线圈下方。金属带从仪表端子向旋转的线圈导电。它们还充当弱扭转弹簧，当电流量减少时将指针返回到刻度零。

指针的旋转角度由电磁铁铜线圈中流动的电流精准确定，由弱弹簧进行平衡。这种机制称为**达松发尔运动**。

永磁体由厚厚的圆形磁极片堆叠而成。

薄的垂直金属带被一个拱形钢弹簧拉紧，该弹簧也用作其电气端子。

磁带头

磁带头从磁带读取或向磁带写入信息，如模拟音乐或数字数据。它们的外表可能看起来很简单，但它们光滑的外壳内隐藏着复杂的组件。

磁带头的核心是一个铜线圈。铜线圈与一块型铁"C 芯"极片一起发挥电磁体的作用，将磁场集中在磁带头与磁带的微小间隙处。磁铁和极片的工作原理很像普通的马蹄形磁铁：将两个磁极靠近会在间隙中产生强大的磁场。

间隙本身是由夹在铁芯两端之间的一片薄铜或金箔形成的。箔片确保间隙具有精确控制且一致的宽度，从而提供更好的整体保真度和性能。

在松下盒式磁带录音机中可以看到两个磁带头。中间的金属磁带头用于播放和录音。它旁边的白色塑料磁带头用于擦除已有的录音。

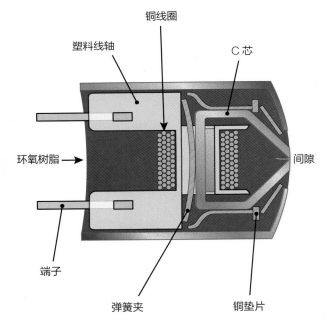

铜元件用于分离和定位磁带头内的铁极片，隔离磁路元件。

轻薄的箔片夹在铁磁芯的两端之间，在黑色环氧树脂表面可以看到一条细细的线。

薄膜硬盘磁头

计算机硬盘驱动器包含一个微型磁头。更准确地说，它包含许多磁头。

薄膜硬盘磁头位于陶瓷**滑块**上，陶瓷滑块由旋转音圈电机平行定位。驱动器的每个磁盘形盘片都配有两个滑块：每面各有一个滑块。当驱动器旋转时，每个滑块在其与盘片表面之间的超薄气垫上滑动。

滑块非常小，每个只有大约 3.3 毫米宽。它的正面是金属端子垫和两个微小的、红宝石色的

磁头。磁头是使用薄膜技术制造的，用于放置在电气方面与磁带头类似的线圈。

每个滑块实际上只使用一个磁头。它们有两个磁头是为了可以按照统一规格来制造，即使每个盘片下方的滑块都是倒置的。这些倒置的滑块使用反方向的磁头，将磁头排列在盘片上方和下方，使得每个数据磁道具有相同的直径。

这款 1992 年推出的 2 GB Micropolis 硬盘具有 8 个存储数据的盘片。

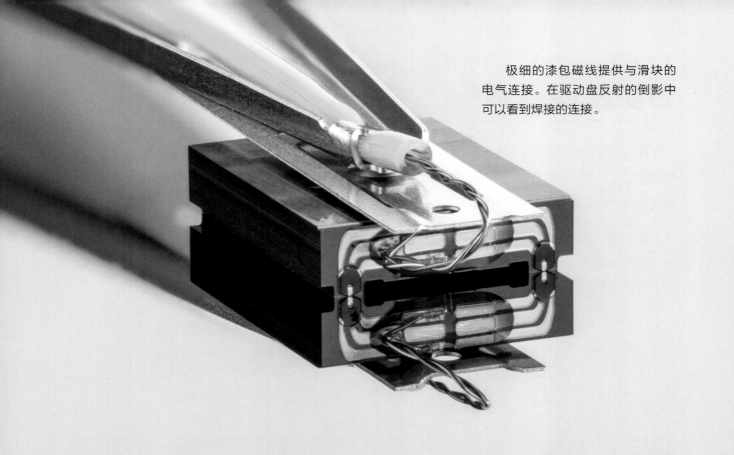

极细的漆包磁线提供与滑块的电气连接。在驱动盘反射的倒影中可以看到焊接的连接。

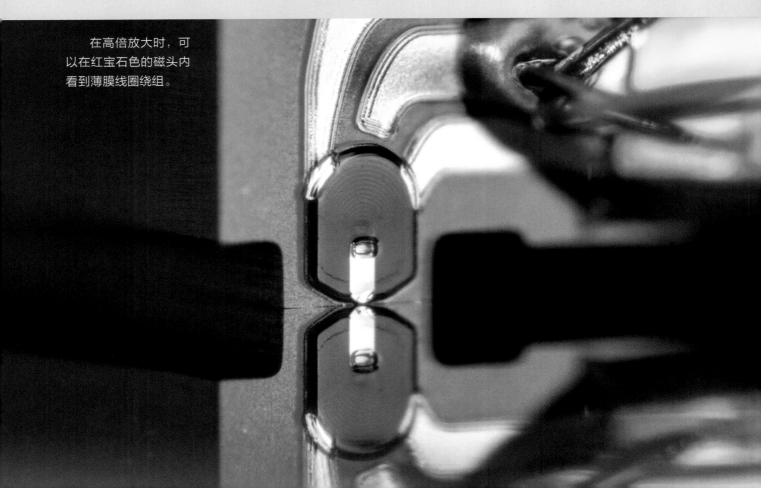

在高倍放大时，可以在红宝石色的磁头内看到薄膜线圈绕组。

GMR 硬盘磁头

将薄膜硬盘磁头与 2001 年的这款硬盘驱动器进行比较。这个年代的磁头使用**巨磁电阻（GMR）**技术，滑块已经缩小到只有 1 毫米宽。

磁阻是一种材料的电阻在外部磁场存在时会发生变化的现象。基于这种效应的传感器可以检测到非常小的磁区，从而提高驱动器的存储密度。

作为一种传感器技术，基于 GMR 的磁头不会自行将数据写入驱动器。相反，GMR "读取头" 与我们之前看到的薄膜 "写入头" 层叠在一起。

硬盘制造业在不断发展。当前的硬盘磁头使用完全不同的技术来实现更高的存储密度。

这个 100 GB 的西部数据硬盘只有 3 个盘片。我们之前看到过带有旋转音圈的完整驱动器的图片。

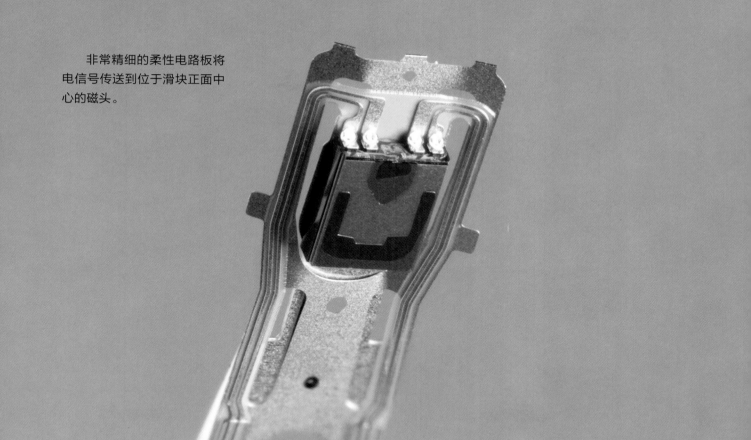

非常精细的柔性电路板将
电信号传送到位于滑块正面中
心的磁头。

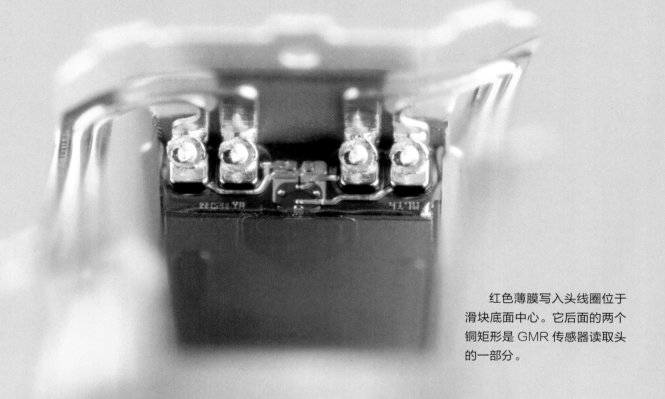

红色薄膜写入头线圈位于
滑块底面中心。它后面的两个
铜矩形是 GMR 传感器读取头
的一部分。

复合器件

　　拆开一些电子元件，会发现里面还有更小的元件。在那些元件内部，有时还会找到更小的元件。现在将注意力转到一些复合器件上。我们将看到各种各样的电路板、包含多个 LED 晶粒的显示器、组合了多个元件的复合封装，以及带有陶瓷电路板和由精密封装接线连接的各个半导体晶粒的奇异混合模块。

LED 灯丝灯泡

现代 LED 灯泡有多种形状和样式可供选择。下图中这一款的设计看起来像一个老式的白炽灯。但是 LED "灯丝" 怎么能做得这么长、这么细呢？

每根 "灯丝" 实际上是陶瓷条——本质上是一块电路板——上面分布着数十个微小的蓝色 LED 晶粒。每根陶瓷条的正面和背面都涂上了一层黄色的硅橡胶，里面填充了一种荧光粉。

与其他 "白色" LED 一样，荧光粉会吸收一些蓝光并发出延伸到绿色和红色的广谱光。我们感知到的光是暖白光，就像白炽灯发出的光一样。

LED 灯丝灯泡具有白炽灯的许多美学特征，同时能更高效地将电能转化为光。

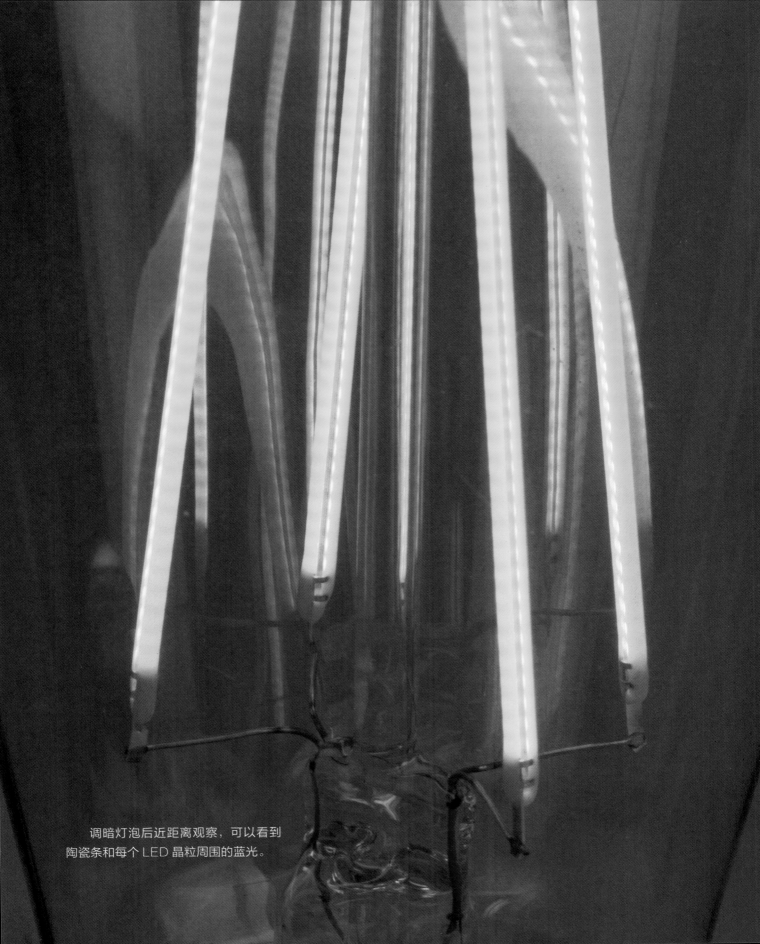

调暗灯泡后近距离观察，可以看到陶瓷条和每个 LED 晶粒周围的蓝光。

单面印刷电路板

印刷电路板（PCB，后文我简单称其为"电路板"）在电子设备中无处不在。尽管叫这个名字，但铜电路并不是印刷在板上的。相反，电路板（通常是玻璃纤维复合材料）被黏合到一块铜片上并被选择性地蚀刻，只在电路板上留下所需的布线图案，称为**迹线**。元件引线的孔也穿透电路板。

这里显示的电路板是电源的一部分，称为单面板，因为它仅在一面有铜迹线。没有覆铜的一面有许多通孔元件，包括 DIP 芯片、晶体管和薄膜电容器。在它的背面可以看到黑色、蜿蜒的铜线，还有表面贴装元件，包括片式电阻器和片式电容器。

铜面上的绿色涂层是一层薄绝缘层，称为**焊料掩膜**。焊料不会粘在该涂层覆盖的区域上。

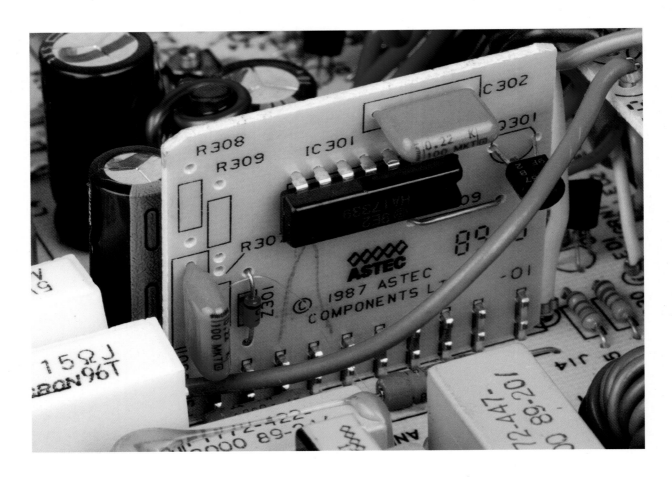

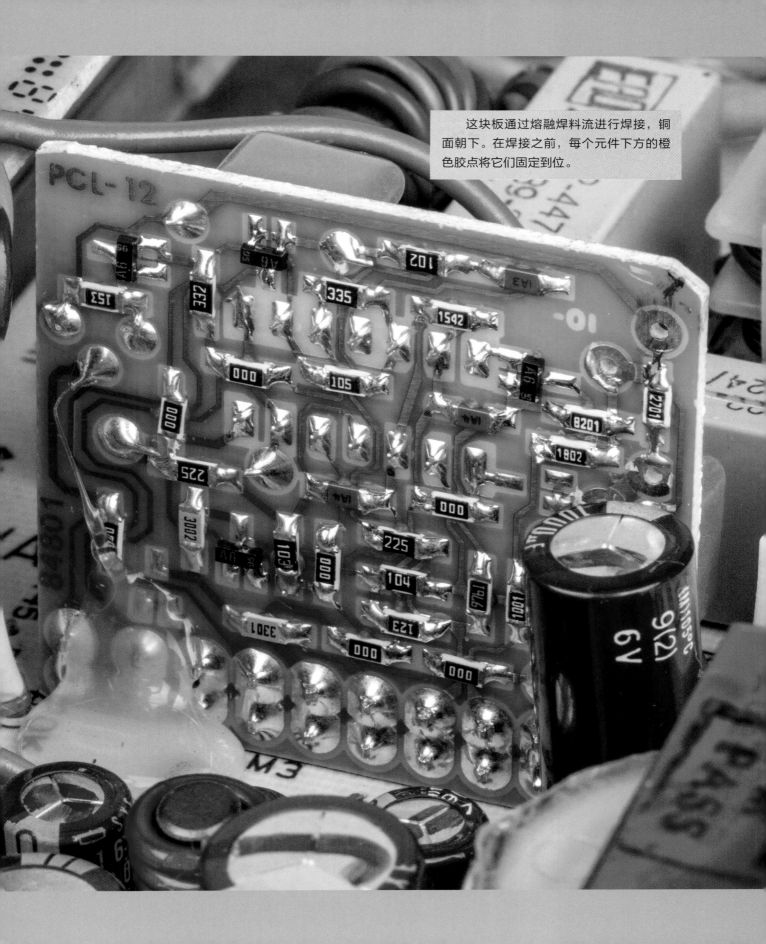

这块板通过熔融焊料流进行焊接，铜面朝下。在焊接之前，每个元件下方的橙色胶点将它们固定到位。

双面电路板

虽然单面电路板的制造成本很低，但众所周知，它们的设计难度很大，因为布线迹线不能交叉。通过将铜片黏合到玻璃纤维基板的每一面并在双面蚀刻电路，一面的迹线可以穿过另一面的迹线。在双面电路板上规划布线路径要容易得多。

双面电路板上的铜迹线可以用**电镀通孔**连接。钻孔后，通过一种化学工艺在孔内电镀额外的铜，连接两面。连接正反两面之间迹线的电镀通孔称为 **VIA**。其他电镀通孔用作焊接元件的位置。

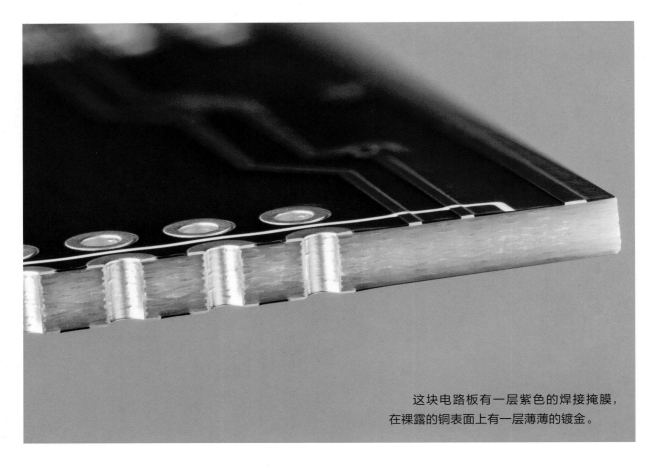

这块电路板有一层紫色的焊接掩膜，
在裸露的铜表面上有一层薄薄的镀金。

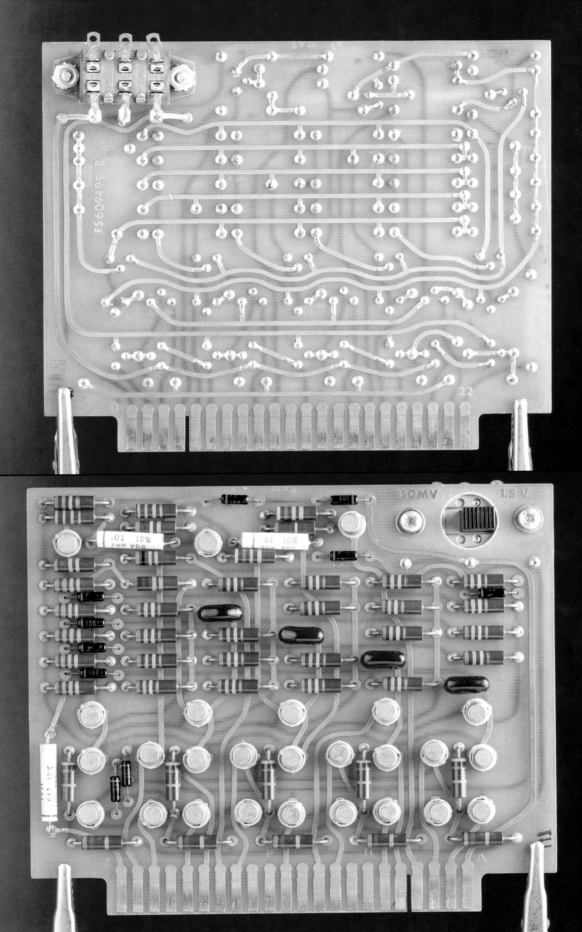

多层电路板

密集的电路板通常需要不止两层来布线。

制造商可以通过更复杂的铜和玻璃纤维夹层来制造两层以上的电路板。四层电路板的制造方法通常为，蚀刻两块薄的双面电路板，然后将它们层压到一层普通玻璃纤维的两侧。层压工艺通过高压、高温的压力机将其中的每一层永久黏合在一起。采用相同的工艺，但选择不同的层数，可以生产具有几十层的电路板。

要实现盲孔和埋孔（不贯穿整块电路板的电镀孔）等特殊功能，可以在将电路板层压在一起之前，先在各个层上钻孔和电镀孔。

四层电路板

六层电路板

这款十层智能手机电路板具有盲孔和埋孔，用于在不同层之间建立连接，显示为连接各层的垂直铜柱。

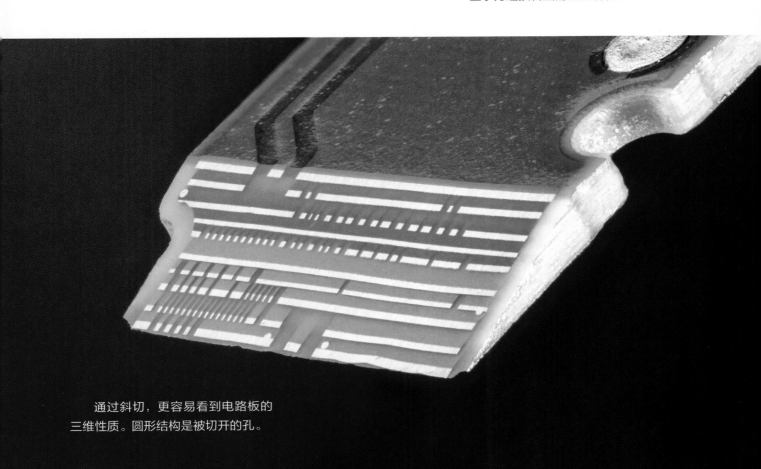

通过斜切，更容易看到电路板的三维性质。圆形结构是被切开的孔。

柔性和刚柔结合电路板

柔性电路板是蚀刻在聚酰亚胺薄膜（而不是玻璃纤维）的可弯曲基板上的电路板。聚酰亚胺是一种非常坚韧和柔软的塑料，可以承受焊接的高温。它具有独特的深棕色，经常以品牌名称 Pyralux 或 Kapton 的形式被提及。

为了保持形状，柔性电路板通常是用**加强筋**、玻璃纤维平层或其他材料制造的，这些材料被切割成特定形状并黏合到聚酰亚胺层上。这些材料有助于电路板在某些地方保持形状——例如，焊接元件的地方。

刚柔结合电路板是真正的多层电路板，其中至少一层蚀刻在柔性聚酰亚胺基板上。这些神奇的电路板可以表现出带有内置铰链和布线的全功能电路板的特性。

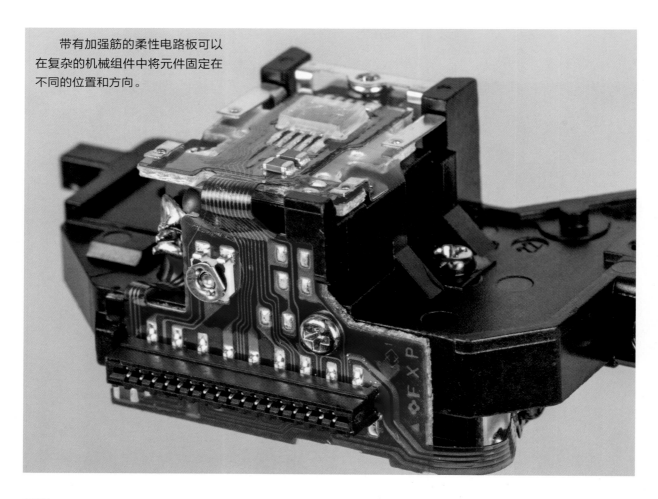

带有加强筋的柔性电路板可以在复杂的机械组件中将元件固定在不同的位置和方向。

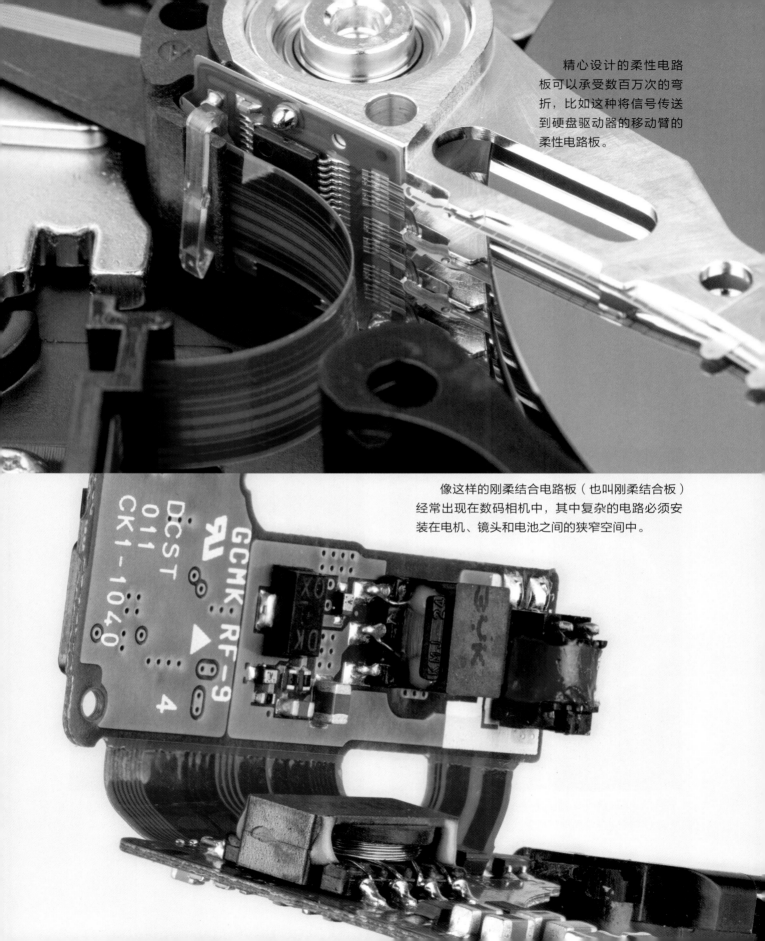

精心设计的柔性电路板可以承受数百万次的弯折，比如这种将信号传送到硬盘驱动器的移动臂的柔性电路板。

像这样的刚柔结合电路板（也叫刚柔结合板）经常出现在数码相机中，其中复杂的电路必须安装在电机、镜头和电池之间的狭窄空间中。

弹性连接器

弹性连接器是一种完全不同的柔性电路类型。它们常见于数字手表和计算器等廉价设备的液晶显示（LCD）模块中。

典型的 LCD 模块具有一块印有透明导电电极的玻璃，在下方有一个电路板来驱动显示屏。弹性连接器是一个柔软的橡胶条，位于电极和电路板上相应的接触垫之间，在两者之间提供可靠和可塑的连接。

弹性连接器由绝缘的白色硅橡胶和导电的碳黑硅橡胶平行层交替叠加组成。顶部和底部也有薄薄的绝缘白色硅胶衬层。

这款来自数字手表的电子模块有一块 LCD，它通过两个弹性连接器连接到电路板。

电路板上下两排镀金接触垫对应 LCD 模块上的电极。

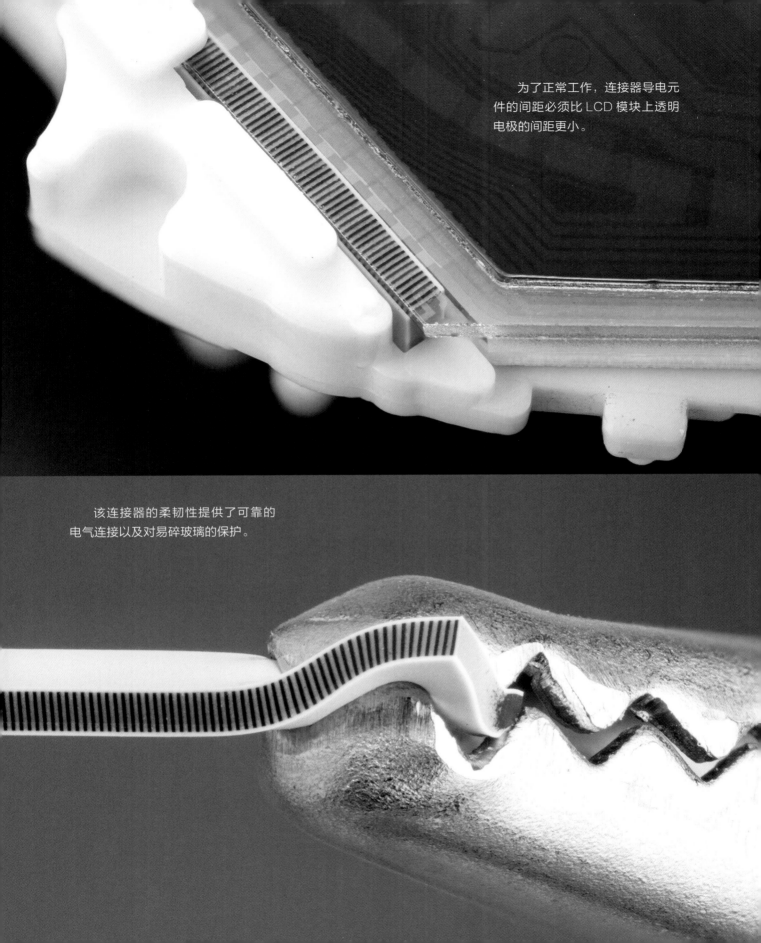

为了正常工作，连接器导电元件的间距必须比 LCD 模块上透明电极的间距更小。

该连接器的柔韧性提供了可靠的电气连接以及对易碎玻璃的保护。

microSD 卡

microSD（安全数字）存储卡包含带有存储芯片的非常薄的电路板。由于整个器件都封装在黑色环氧树脂中，因此无法一眼就看出它包含电路板——至少在存储卡被切成两半之前看不到。

存储芯片看起来像一个银灰色的条带。令人惊讶的是，它占据了卡片的大部分内部空间，甚

至连镀金的连接器区域的下方都有。空间的有效利用使制造商能够最大限度地提高存储容量。这与 2N2222 等简单晶体管截然相反，后者的封装远远大于有源硅。这也是 40 年来电子制造和封装技术不断演变的自然结果。

microSD 卡大约只有一角硬币大小，但截至编写本书时，它们的容量最高可达 1 TB。

226

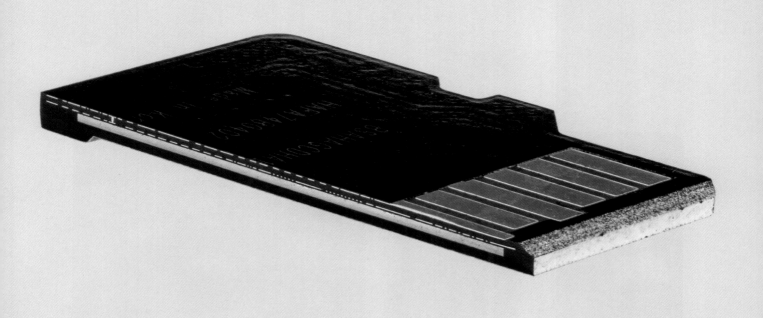

microSD 卡的整个背面是双面电路板。
宽大的接触区只不过是电路板上层裸露的铜
区域，表面镀金。

圆顶封装

超低成本电子产品，如一元店里的计算器或未标明品牌的万用表，需要在制造过程中尽可能节省成本。这样的产品通常不会对芯片采用传统的环氧树脂封装，没有需要就地焊接的金属引脚。为了省钱，IC 芯片本身粘在电路板上，并使用非常细的封装接线连接到电路上。用一滴环氧树脂覆盖住脆弱的电线，芯片就可以使用了。

这种技术称为**圆顶封装**。圆顶封装是**板上芯片（COB）**封装的一种形式，将晶粒直接连接到电路板上。LED 照明常用 COB 封装，LED 灯丝灯泡中的"灯丝"模块就是这样构建的。

这里可以看到几条铝封装接线，芯片直接连接到电路板。

EMV 信用卡芯片

现代信用卡内部嵌入了一块安全存储 EMV 芯片，由此取代了简单的磁条。EMV 代表创立这一标准的 3 家公司：Europay、Mastercard 和 Visa。

将信用卡的其余部分溶解在溶剂中后，可以看到，可见的接触垫填满了嵌入卡中的纤薄电路板的一面。

矩形电路板由玻璃纤维和环氧树脂制成。存储芯片粘在背面，用细如发丝的金封装接线连接到接触垫，并用一滴透明环氧树脂加以保护。这是圆顶封装的另一个例子。

不同的信用卡和系统使用不同的接触垫图案。照片中的这两个接触垫略有不同。

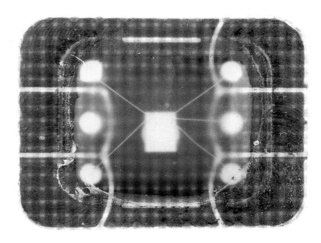

NFC 门卡

现代酒店的客房使用近场通信（NFC）技术来识别被授权开门的门卡。每张卡内部模制了一个连接到微型智能卡集成电路的线圈。

当门卡紧贴门锁时，锁中的电子设备会使用锁内线圈产生的调制磁场来查询该卡。同样的磁场也为智能卡芯片供电。另一种角度的解释是，将门卡紧贴门锁会创建一个临时变压器，其中一组线圈在锁中，另一组线圈在门卡中。

芯片位于一块纤薄的电路板上，与信用卡中的电路板非常相似，并在 IC 上方有一个黑色的球状顶部。有趣的是，电路板故意弯曲成轻微的弧度。

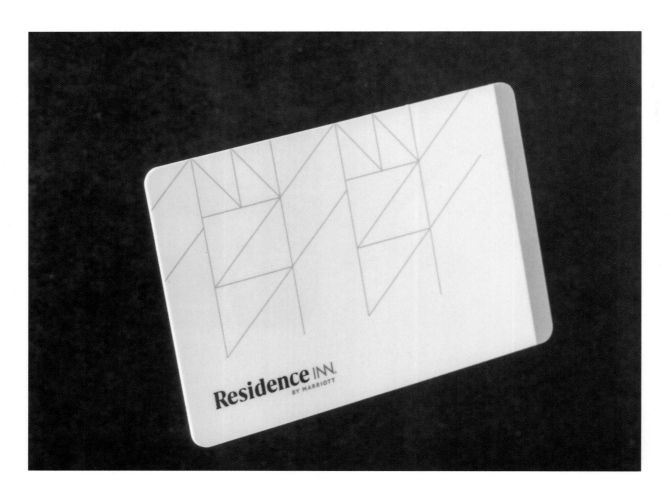

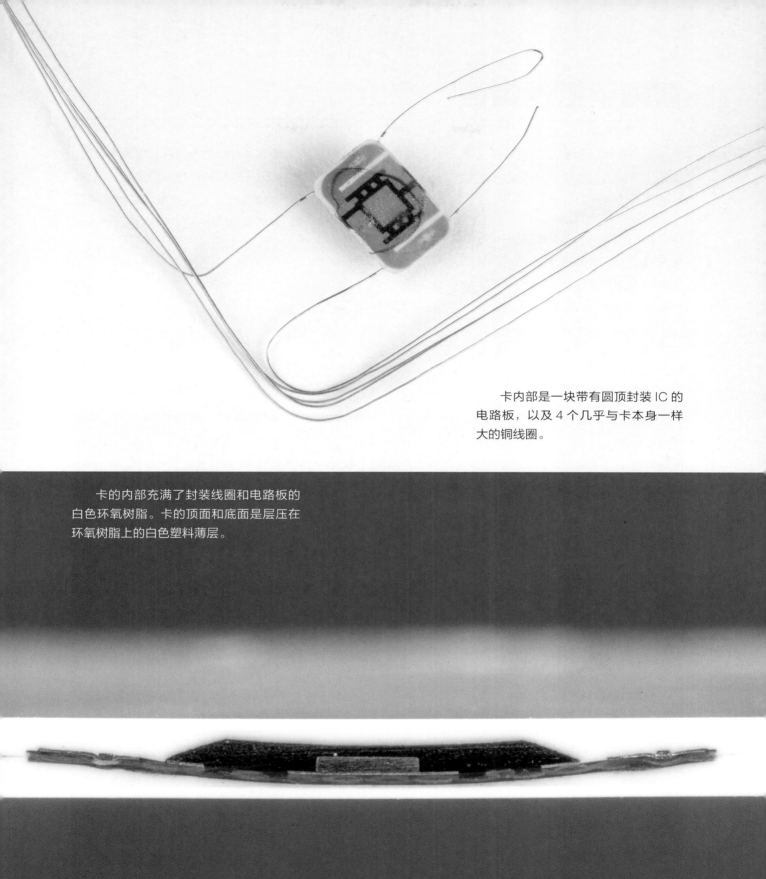

卡内部是一块带有圆顶封装 IC 的
电路板，以及 4 个几乎与卡本身一样
大的铜线圈。

卡的内部充满了封装线圈和电路板的
白色环氧树脂。卡的顶面和底面是层压在
环氧树脂上的白色塑料薄层。

智能手机逻辑板

我们通常认为智能手机平平无奇，但它们是充满了大量电路和传感器的技术奇迹。

这款智能手机内部是一块带有蓝色焊接掩膜的印刷电路板。工程师对其进行了精心设计，以适应这款特定手机的机械特性。这块电路板为聚合物锂电池组切割出一大片区域，为摄像头模块和各种安装功能切割较小的区域。

电路板表面镶嵌着微小的元件，包括连接器、晶体、LED 相机闪光灯和各种微小的传感器模块，例如麦克风和加速度计。大多数集成电路隐藏在薄金属盖下，金属盖镶嵌在适当的位置，为里面的敏感电子设备提供屏蔽。

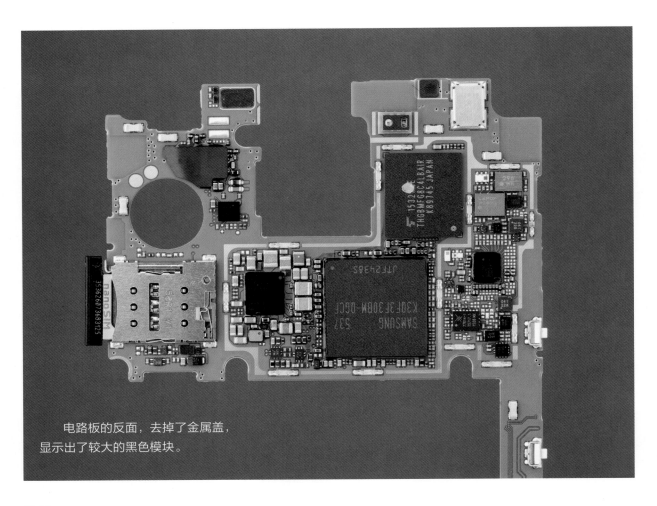

电路板的反面，去掉了金属盖，显示出了较大的黑色模块。

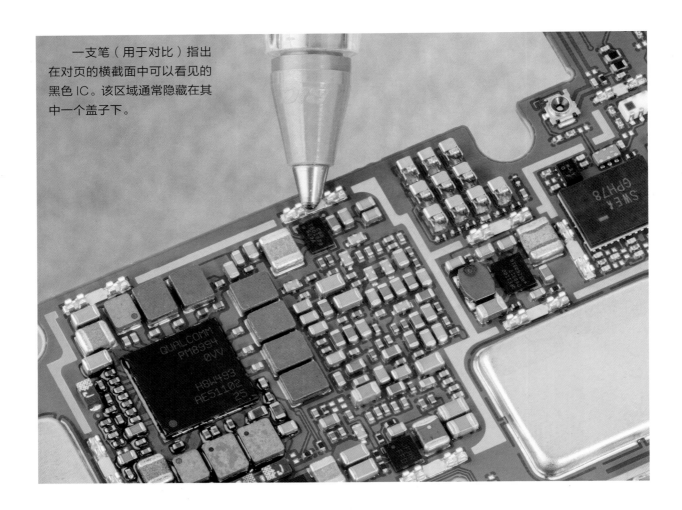

一支笔（用于对比）指出在对页的横截面中可以看见的黑色 IC。该区域通常隐藏在其中一个盖子下。

逻辑板内部结构

电路可以是一种非常立体的艺术形式。穿过智能手机逻辑板中心的切片显示出厚厚的材料夹层，它们都是不同元件的一部分。

顶层是蓝色主印刷电路板，包含 10 层铜线。在它下方通过球栅阵列连接到电路板的是一种复杂的**系统封装（SiP）**，一个包含多个 IC 的元件。屏幕 SiP 从由 6 层铜电路组成的电路板开始。一块大而薄的芯片使用微小的焊料凸点焊接到这个 6 层板上。

SiP 的下方是另一个电路板，由 3 层铜电路制成。至少两个额外的芯片安装在该板上，并与金色的细封装接线连接。屏幕整个 SiP 组件封装在黑色环氧树脂中。

主电路板上的棕色块是多层陶瓷
电容器（MLCC）。

235

以太网变压器

出于安全原因，网络电缆连接需要进行电气隔离。具有以太网端口的计算机和其他设备使用一组环形变压器来实现这种隔离。

切开这个**以太网变压器**，可以看到 8 个不同角度的微型环形变压器，以太网电缆中的 4 对双绞线各有两个。一对变压器中的其中一个提供电气隔离，另一个配置为扼流圈，以滤除两条电线共有的噪声。

直流 – 直流变换器

像 LM309K 这样的稳压器可靠但耗电。它通过将电能转换为热能来降低和控制电压。

直流 – 直流变换器也可以将一种电压转换为另一种电压，但效率更高。它使用数字电路，利用电感器类似飞轮的行为来管理通过电感器的电流。

这种微型直流 – 直流变换器模块旨在取代现有设备中形状相似的线性稳压器，从而提高其效率。

此模块包含一个带有表面贴装元件的小型电路板，包括电容器、芯片和电感器。

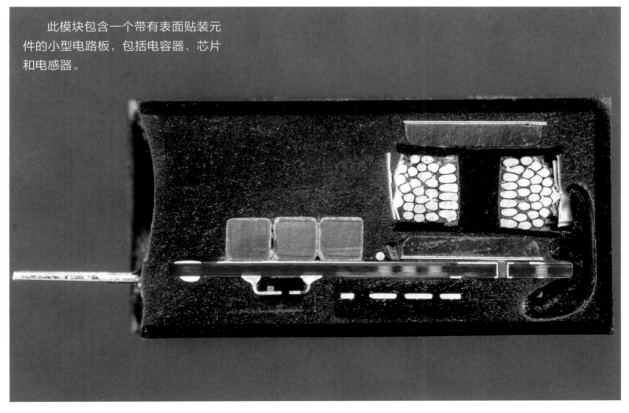

七段 LED 显示屏

令人惊讶的是，与整个设备相比，**七段 LED 显示屏**的 LED 实际非常小。该显示屏在每个 D 形彩色塑料透镜的基座上，安装了一小块 LED 芯片。它们与红色通孔 LED 中的 LED 晶粒尺寸大致相同，但这里的封装要大得多。

LED 晶粒以板上芯片的方式安装到小电路板上。精细的封装接线从晶粒连接到板上的铜迹线，从大金属引脚引入驱动信号。电路板本身是单面的，由黑色玻璃纤维基板制成，以最大限度减少反射。

电路板组件放置在白色外框架内，该外框架由前表面涂为黑色的注塑塑料制成。最后，该组件填满红色环氧树脂，硬化成设备的可见透镜。

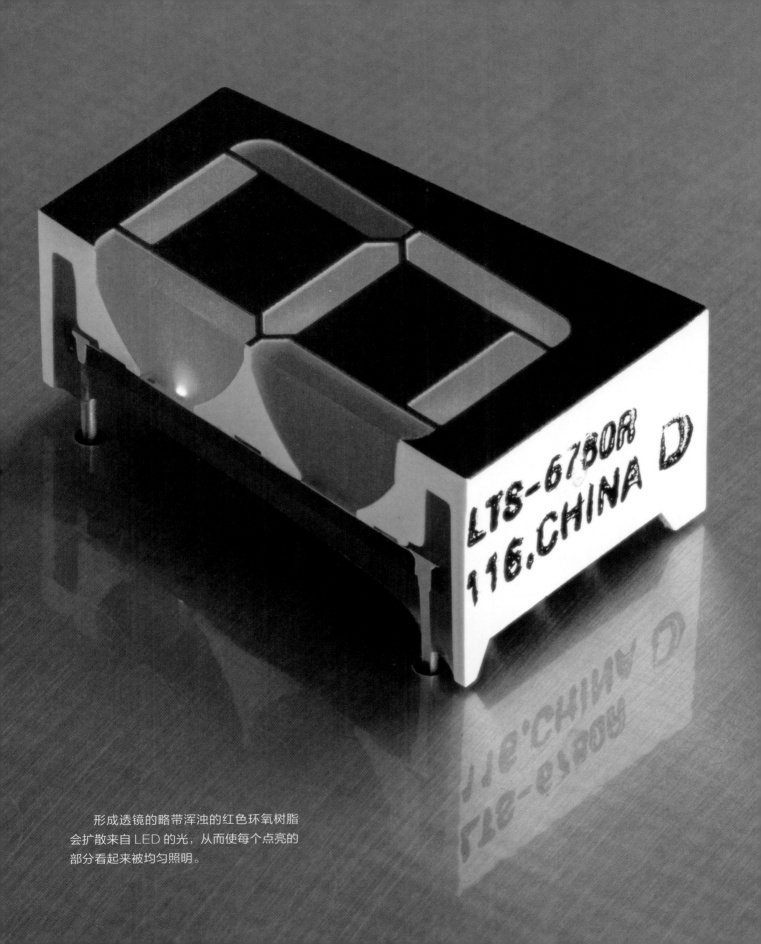

形成透镜的略带浑浊的红色环氧树脂
会扩散来自 LED 的光，从而使每个点亮的
部分看起来被均匀照明。

厚膜 LED 数字显示屏

这款 HDSP-0760 LED 显示屏是常见的七段 LED 显示屏的高端替代品。该器件没有在七个透镜中分别隐藏一个 LED，而有 20 个直接可见的 LED 晶粒。

该 LED 显示屏是带有陶瓷基座的厚膜混合电路——与七段 LED 显示屏不同，它完全不含塑料。与我们见过的其他厚膜器件一样，显示屏的制造涉及多个印刷材料（如金迹线和陶瓷油墨）的步骤，以及中间的烧制步骤。玻璃盖密封住完成的组件，使其能够在可能熔化或破坏其他类型显示屏的恶劣环境中正常工作。

该显示屏内部的芯片将输入的二进制数转换为正确的点亮和未点亮 LED 模式，以形成要显示的匹配字符。

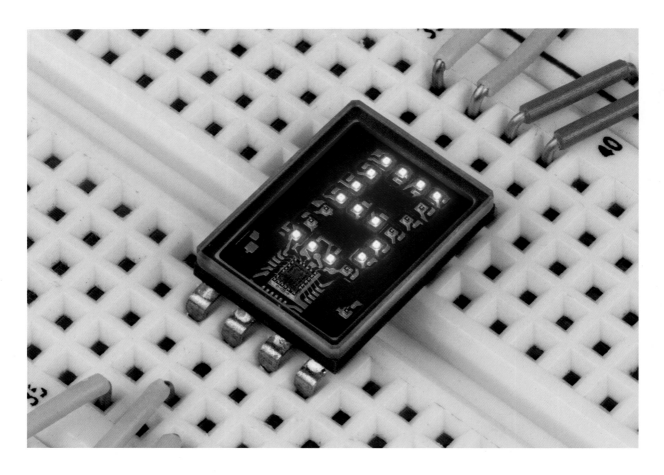

通过显示屏的玻璃盖，可以清楚地看到点亮和未点亮 LED 晶粒，以及解码器芯片及其封装接线。

5×7 LED 点阵显示屏

这款 HCMS-2904 显示屏不是用几个点或段构造小范围的字符，而使用各个 LED 晶粒组成的 5×7 网格来形成字母或数字字符。

该显示屏采用常规多层电路板制造，顶部安装有 140 个 LED 晶粒，采用板上芯片样式。晶粒及其封装接线由器件顶部的透明塑料保护，

这是厚膜 LED 显示屏玻璃陶瓷封装的低成本替代品。

这些点阵模块旨在端到端和从上到下无缝堆叠，以构造更大的显示器。每个模块在其电路板的底部包含一块驱动芯片。该芯片接受像素数据流并管理 LED 显示屏。

LED 晶粒以矩阵形式排列，电路板迹线定义了此视图中的列，菊花链式封装接线定义了行。

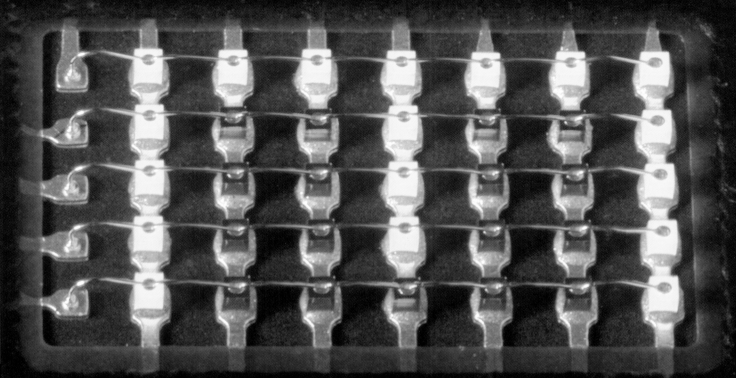

复古 LED 磁泡显示屏

像下图中这款早期电子计算器使用七段 LED 显示屏，而不是现在无处不在的 LCD 面板。每个数字都是一块 LED 芯片，上面有 7 个分段和一个小数点图案。由于每块 LED 芯片都很小，因此在显示屏的外部塑料外壳中模制的放大镜可以放大数字，使它们更容易被看见。

在右侧的特写照片中，或许能看到金色的细封装接线的阵列，将 LED 数字连接到计算器电路的其余部分。为了减少引脚数量，其中使用了一种称为**多路复用**的技术。每组 5 个数字共用每个分段的相同的控制引脚——例如，所有 5 个数字的"顶部"分段都连接在一起。由于共用接线，因此一次只能点亮一个数字。电路快速循环流过所有数字，看起来像是每个数字都持续点亮。

这款 1976 年发布的惠普计算器有一个 15 字符的 LED "磁泡"显示屏，之所以这样称呼，是因为它有类似气泡的透镜。

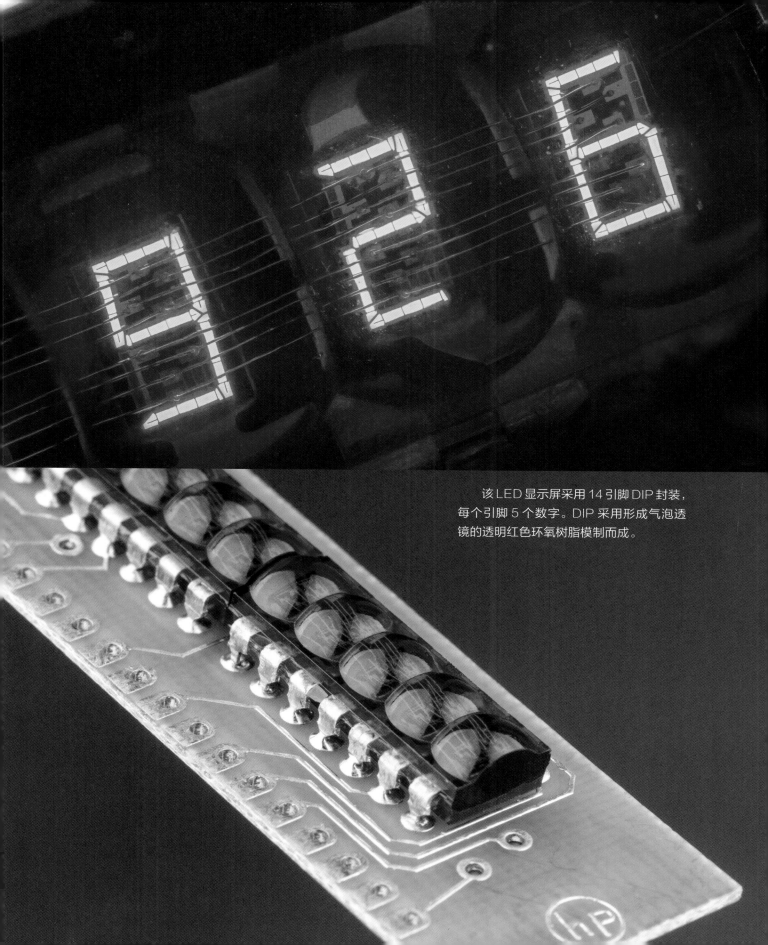

该 LED 显示屏采用 14 引脚 DIP 封装，每个引脚 5 个数字。DIP 采用形成气泡透镜的透明红色环氧树脂模制而成。

字母数字 LED 显示屏

虽然这种显示屏与惠普磁泡显示屏有相似之处,但它的血统并非源自消费电子产品,而是源自军事和航空航天应用。这是一款坚固耐用的 LED 显示屏,专为需要坚固、密封的显示屏才能正常工作,并且不在乎成本的系统而设计。

厚膜模块由陶瓷基板和上方的玻璃盖构成。

陶瓷顶部有几层导电银迹线。绝缘材料也设计为特定图案,以允许迹线相互交叉而不会短路。大型 16 段 LED 晶粒(若包含小数点则为 17 段)通过封装接线连接到迹线。

陶瓷另一侧的芯片将表示字母和数字的二进制信息解码为驱动 LED 分段的信号。

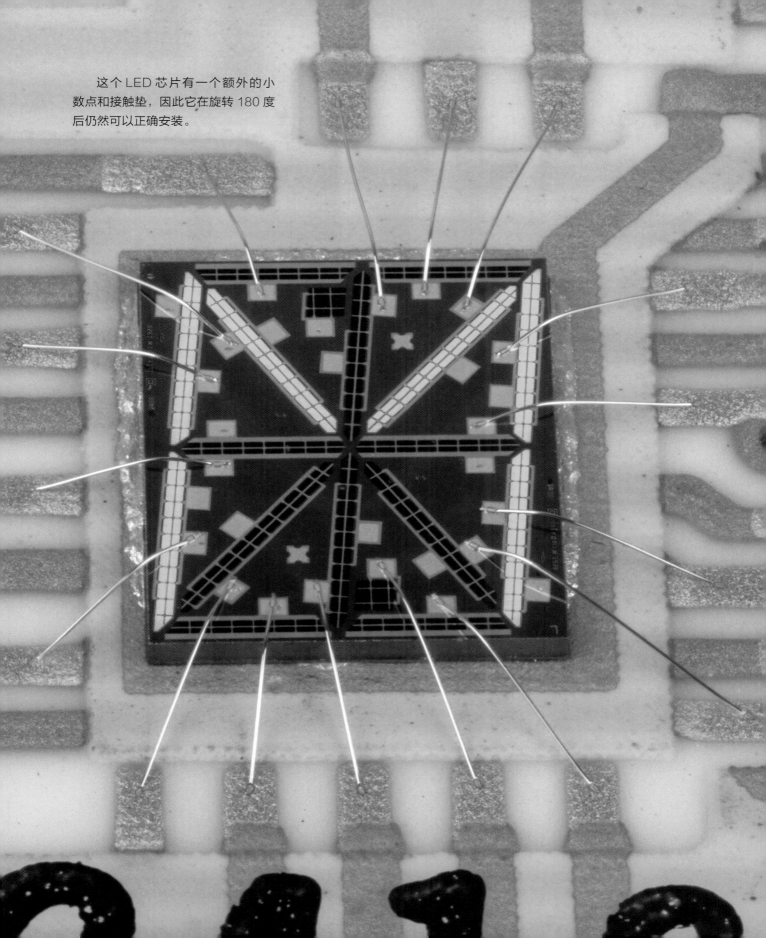

这个 LED 芯片有一个额外的小数点和接触垫，因此它在旋转 180 度后仍然可以正确安装。

温度补偿时钟

这里显示的 DS3231 是一种混合电路**实时时钟（RTC）**。电子学中的"时钟"通常是指用于同步逻辑的振荡信号。作为对比，RTC 计算经过的小时、分钟和秒数。这是一款专为供计算机读取而设计的数字时钟。

从外观上看，DS3231 像是采用 16 引脚 SOIC 封装的普通 IC。

它的内部不仅有一块芯片，还有一个直接模制在外壳中的 32 kHz 石英晶体。

石英晶体的准确频率随温度而变化，但芯片上的传感器会自动补偿这些变化。这种排列称为**温度补偿晶体振荡器**，缩写为 **TCXO**。

可以看到左侧的灰色集成电路晶粒，位于铜引线框架顶部，为右侧的 32 kHz 石英晶体留出了空间。

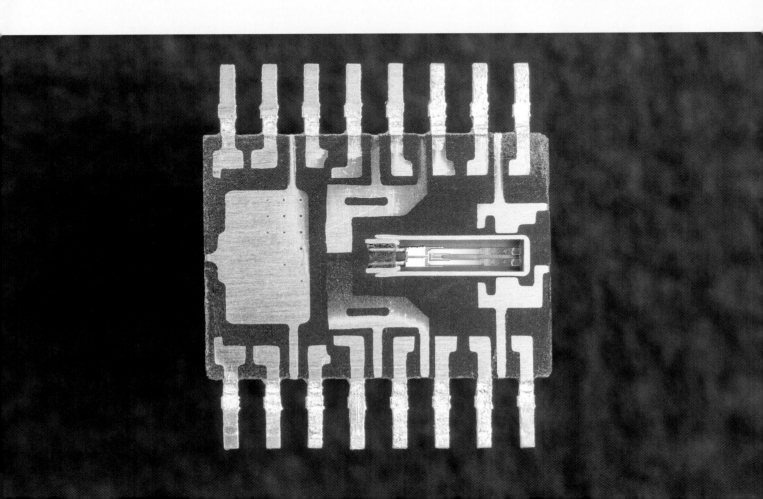

晶体振荡器

许多数字设备的"滴答"声来自这样的振荡器模块。在振荡器内部，可以发现一个悬在弹簧上的薄如纸的石英晶体圆盘。

圆盘的顶部和底部选择性地镀有银电极。对电极施加电压时，它会刺激石英振荡，将其变成一个微小的电动钟摆。不同于音叉形 32 kHz 石英晶体，这个圆盘的振荡频率要高得多，可能达到 50 MHz。圆盘是用于实现高频振荡的几种石英晶体几何形状之一。

这个模块还包含一个厚膜陶瓷电路板。在电路板上，一个小的表面贴装芯片和电容器构成了振荡器电路的剩余部分，为输出引脚提供了干净的方波。

微小的金属弹簧为石英提供机械支撑和隔离。它们还在电极及其下方的陶瓷板之间提供电连接。

雪崩光电二极管模块

这个镀金的**雪崩光电二极管（APD）模块**具有比普通光电二极管更为强大的性能，价格也更高昂。它是一种快速、高灵敏度、具有低噪声特性的光探测器，用于通信行业以及科学应用中的精密光学设备。

该模块封装在带有玻璃顶部的金属罐中。雪崩光电二极管晶粒是位于混合模块中央的金色方块。光电二极管周围的电路放大它所产生的微小信号。

如果仔细观察，可以看到表面贴装芯片电容器、二极管、晶体管和激光微调厚膜电阻器，所有这些都用印刷的厚膜迹线和几乎用显微镜才能看到的金色封装接线连接在一起。

三叉状黑色符号是该器件的原始制造商
EG&G 的商标。它现在由 Excelitas 制造。

3656HG 隔离放大器

这款**隔离放大器**模块表面呈灰色，实际上它是最丰富多彩、最复杂的电子元件之一。它是一种特殊部件，专为医疗和核工业而设计。在这些行业中，出于安全目的，需要对某些电路进行电气隔离。例如，相对于控制它的计算机，传感器电路可能需要在高压下运行。隔离放大器可以为传感器供电，从传感器传出信号，并将两部分隔离，防止任何电流流过屏障。

取下盖子后，一些真正引人注目的内部特征显露出来。其中的核心部分是一个环形变压器。与普通线绕变压器不同，每个线圈环的上半部分是 IC 封装接线，下半部分是陶瓷基板上的厚膜迹线。

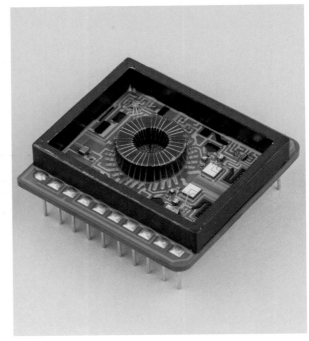

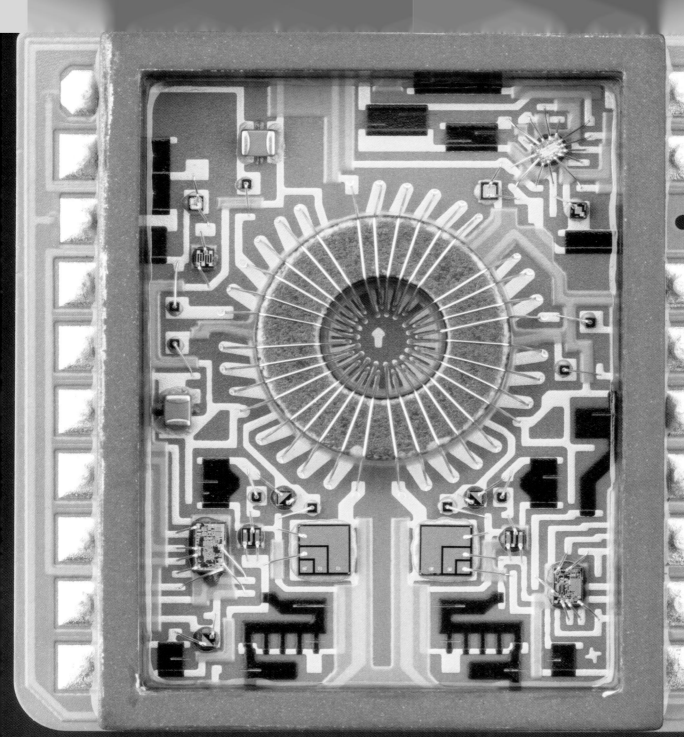

隔离放大器的内部结构

　　除了变压器之外，这种混合电路还包含一些 IC 芯片、二极管和晶体管。有两个陶瓷片式电容器和不少激光微调厚膜电阻器。

　　这种器件的一个微妙特征是，所有的内表面（封装接线和所有表面）都涂上了一层非常薄且均匀的透明绝缘**聚对二甲苯**塑料层。如果仔细观

察立方体晶粒的封装接线和角，就可以看到它。这是一种气相沉积的**保形涂层**，它在所有的表面上延展，就像冰在冰风暴期间可以在树枝和树叶表面形成非常均匀的冰层一样。该涂层提供了一定的坚固性，并防止高压在元件和连接之间产生电弧。

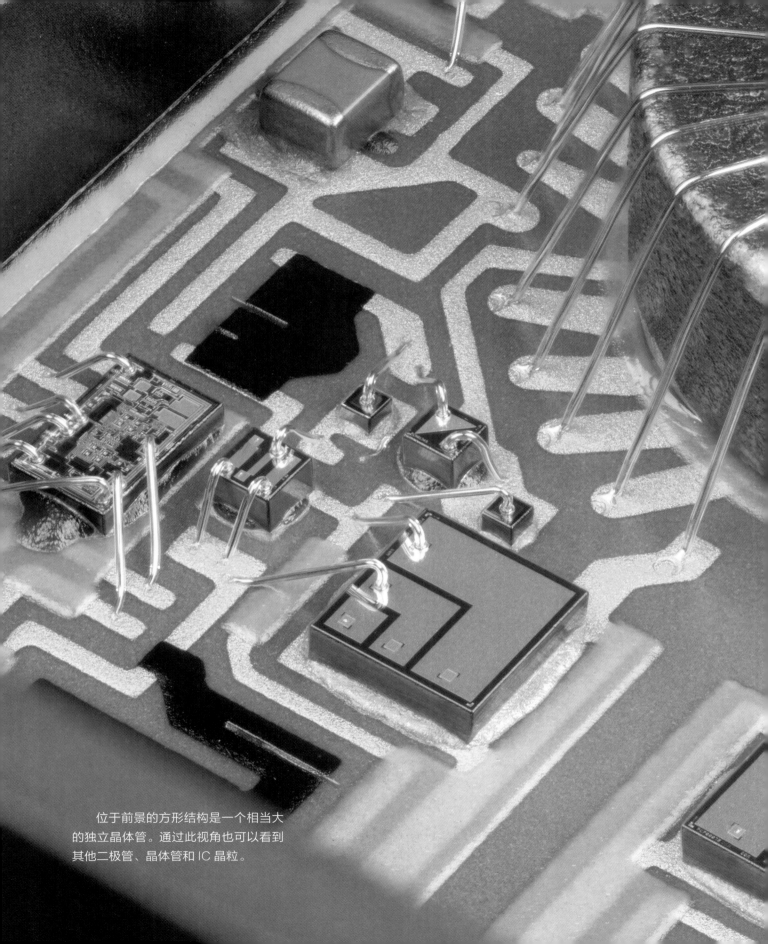

位于前景的方形结构是一个相当大
的独立晶体管。通过此视角也可以看到
其他二极管、晶体管和 IC 晶粒。

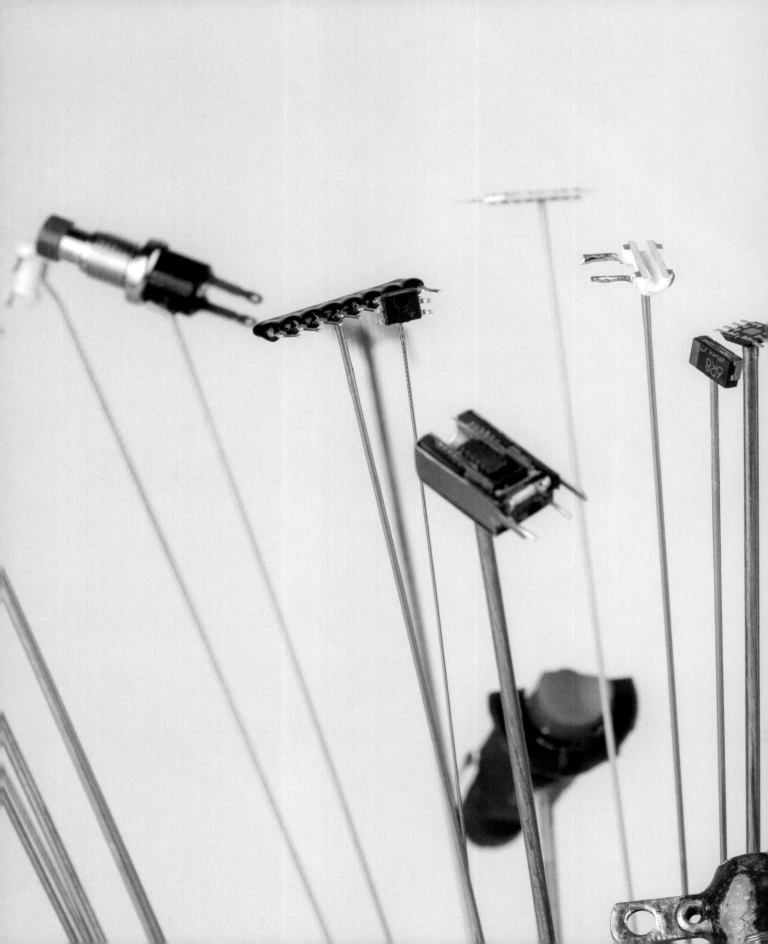

后记：
创建横截面

许多电子元件在本书的制作过程中被切割和拆解。我们将带你了解创建书中图片的过程中的每个步骤，从切割、清洁和安装元件到拍摄和处理照片。

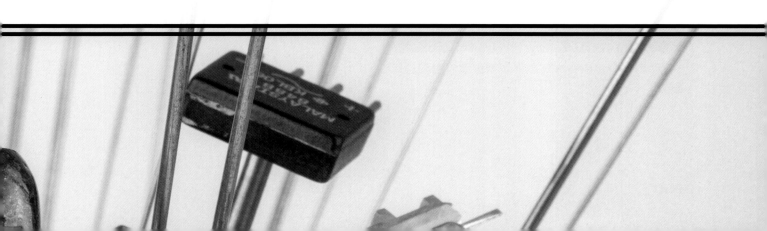

切割和抛光

锯切、锉削、铣削、打磨：这些是用来打开和制备各种拍摄对象的一些步骤。我们以针对性的方式处理每个样本，对其进行检查，先尝试各种角度的切割，然后计划最终的切割角度，以获得最大的视觉冲击力。

我们的装置包括低速金刚石锯、金刚石抛光盘、剃须刀片、电动砂光机和一台 5 吨的铣床，但大部分工作是手工完成的，需要砂纸、体力和耐心。

在高度平坦的表面，我们使用小片的常规细砂纸，用酒精湿润后进行打磨。根据拍摄对象的性质，最终的砂纸型号从 600 目到 10 000 目不等。

使用一个金刚石涂层圆盘切割碳膜电阻器的陶瓷芯。

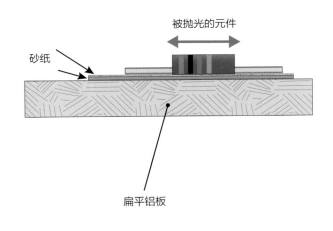

被抛光的元件

砂纸

扁平铝板

铣床中的整体硬质合金刀具精确切断 3.5 毫米音频插口。插口粘在金属块上以将其牢牢固定到位。

低速金刚石锯通常用于材料分析。这里，它对 EPROM 进行探索性切割。

清洁

除了切割，在拍摄前还要花大量的准备时间来清洁拍摄对象。

一些老式元件积灰严重，被困在半个世纪前敷上的漆层中。一个更常见的问题是切割过程本身会产生塑料、金属、陶瓷或半导体粉尘。

对于较大的部件，先使用压缩气体和干净、干燥的牙刷，然后使用除尘凝胶清理。轻轻喷洒纯异丙醇来清洁微小和脆弱的部件，然后用压缩气体除尘器吹干。在一个困难的案例中，我们在显微镜下使用一把刷子来清洁封装接线，这把刷子只有一根安装在不锈钢管手柄上的晶须。

即使采取了这些有时很极端的清洁措施，在高倍放大时仍然可以看到肉眼看不见的灰尘。

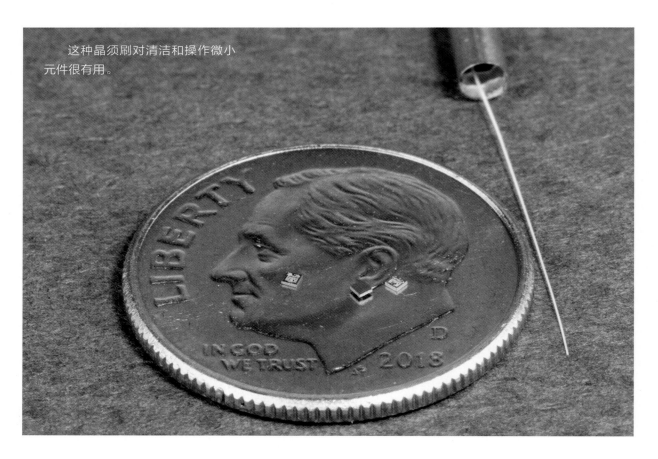

这种晶须刷对清洁和操作微小元件很有用。

灌封

如果直接切割一些复杂或易碎的样品，它们可能会分崩离析。比如扬声器，如果没有东西将它们固定在适当的位置，它的纸盆和薄音圈将从法在切割中幸存下来。

在这些情况下，我们将拍摄对象灌封在浇注树脂（一种透明环氧树脂）中，以在切割过程中将其稳定住。我们在浇注前使用小型真空室对混合环氧树脂进行排气，这样就大大减少了气泡的数量和大小。

我们试图尽量减少灌封样本的数量，因为相比于直接拍摄样本，灌封的拍摄效果往往不那么清晰。

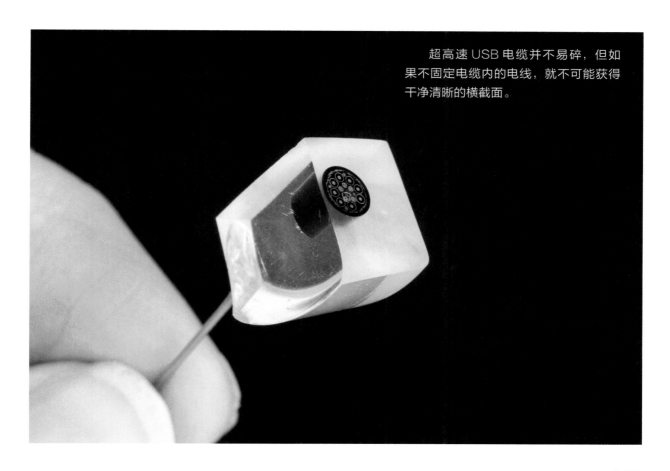

超高速 USB 电缆并不易碎，但如果不固定电缆内的电线，就不可能获得干净清晰的横截面。

安装

在我们的许多照片中，拍摄对象似乎漂浮在半空中。这不是图像处理软件或视觉误差所造成的，而是相机和拍摄对象小心定位的结果。

我们使用 QuadHands 品牌的"柔性虎钳"，它的鹅颈臂上有 4 个鳄鱼夹，我们的许多拍摄对象通过夹子固定在适当的位置，通常夹子刚好在框架外。对于较小的拍摄对象或整体都需要可见的拍摄对象，我们将它们粘在金属支撑轴上。借助精心选择的角度，支撑轴变得几乎看不见。

下面的照片显示了 F 型连接器镜头的设置。在左上角附近，鳄鱼夹直接夹住电缆，而连接器则粘在穿过一张背景纸的刚性不锈钢线上。在纸的背后，另外两个鳄鱼夹将不锈钢线固定到位。

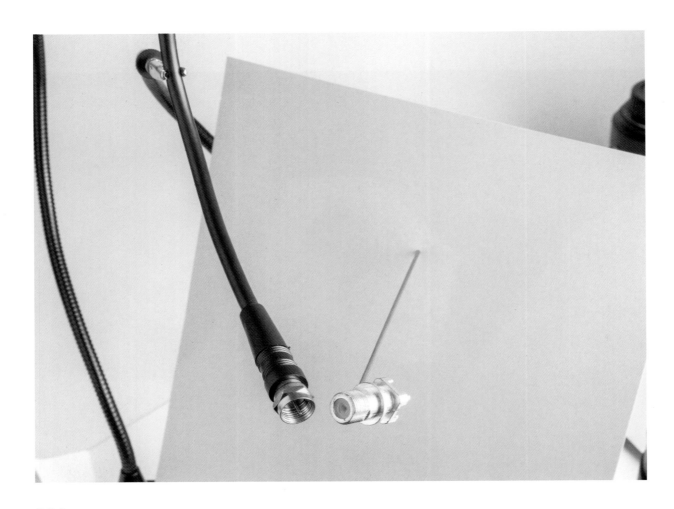

这些元件是为拍摄而安装的。
并非所有候选对象都得到了拍摄。

摄影器材

本书中的图片均采用传统摄影方法获得，主要的例外是使用了焦点堆叠软件。

我们使用了以下摄影器材。

- Canon EOS 7D 以及 EOS R 相机和镜头：

    - RF 24–105 mm f/4-7.1
    - EF 100 mm f/2.8L Macro IS USM
    - EF 28 – 135 f/3.5 – 5.6 IS USM
    - MP–E 65 mm f/2.8 1 – 5× Macro
    - TS–E 24 mm f/3.5L II

- 两个柔光箱闪光灯和一个带遥控触发的辅助电源闪光灯。
- Slik Pro 500DX 三脚架。
- 基于 AxiDraw 硬件的定制线性对焦导轨和快门线。
- 软件：Helicon Remote、Processing。

第六个镜头（未列出）用于拍摄这张特殊的照片。

相机下方的硬件是定制的线
性对焦导轨，以及用于相机电源、
快门和数据读取的电缆。

修版

本书中的照片使用 Adobe Lightroom 整理和处理。基本上每张照片都经过了一些一致的技术处理——在过去的暗房和化学品时代被称为"显影"。这些技术处理包括对镜头轮廓的校正，对照片的裁剪、旋转，以及对白平衡、亮度、对比度及整体色调的调整。

大多数照片经过 Lightroom 处理时进行了一定的数字化斑点去除工作。我们使用此工具去除照片中的灰尘微粒和相机伪影（如传感器灰尘），并弱化样品制备中的伪影和一般瑕疵。下面的处理前后照片对比显示了一个示例。

我们很少使用数字"喷枪"等繁重的修版技术。我们努力如实展示对象的真实视觉特征。

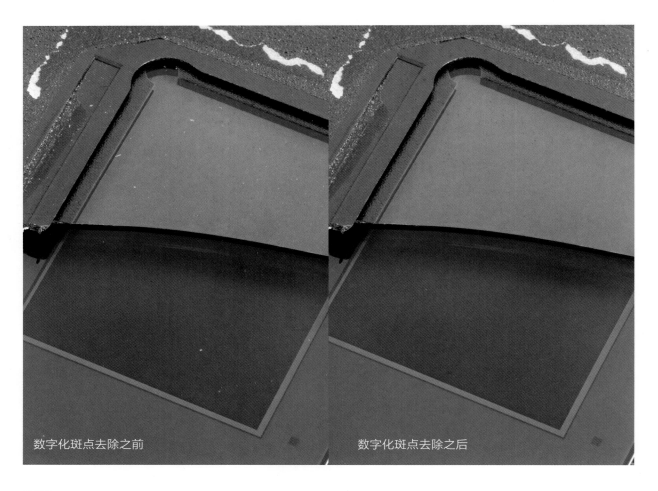

数字化斑点去除之前

数字化斑点去除之后

关于微距摄影

本书中的近拍图像属于微距摄影。在微距摄影中，拍摄对象离相机镜头非常近，可以对焦的距离范围往往非常小。这种情况称为浅景深。

在相机的最高放大倍数下，即使将相机光圈最小化来提供尽可能大的景深，一次也只能对焦约 1/4 毫米（约 0.01 英寸）。

浅景深是微距摄影的一大特色，以至于浅景深的大型照片看起来就像是微缩模型——所谓的立体错觉。

立体错觉使这幅景深较浅的照片看起来有点像微缩模型。

焦点堆叠

本书中的许多图像使用 Helicon Focus 软件来处理。此应用软件专门执行**焦点堆叠**，这是一种图像计算处理技术，将多幅浅景深的图像相结合，以生成具有更大景深的单幅图像。焦点堆叠的工作原理是分析图像以识别焦点区域，然后将这些区域拼接在一起，类似于图像处理软件将照片拼接在一起以制作全景图。

焦点堆叠可以生成具有出色的清晰度和景深的图像，但要获得最佳效果，则需要一种复杂的设置。必须以相等的间隔和相等的曝光拍摄多张图像。当景深远低于 1 毫米时，调整相机位置需要非常小心。我们使用机器人线性运动平台和定制软件，以精确、微小的增量移动相机并在这些位置拍照。

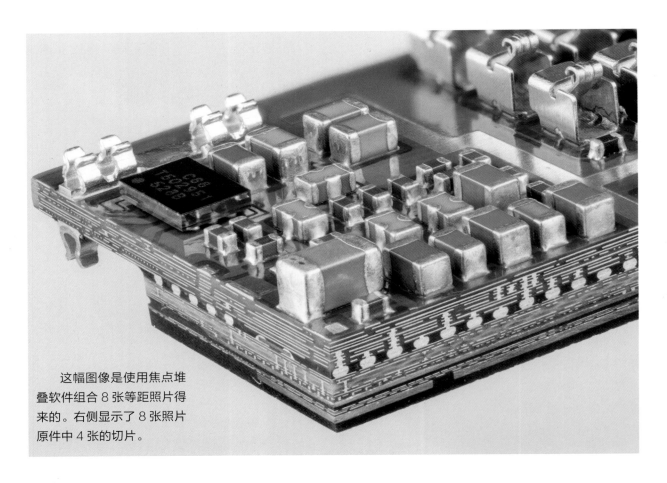

这幅图像是使用焦点堆叠软件组合 8 张等距照片得来的。右侧显示了 8 张照片原件中 4 张的切片。

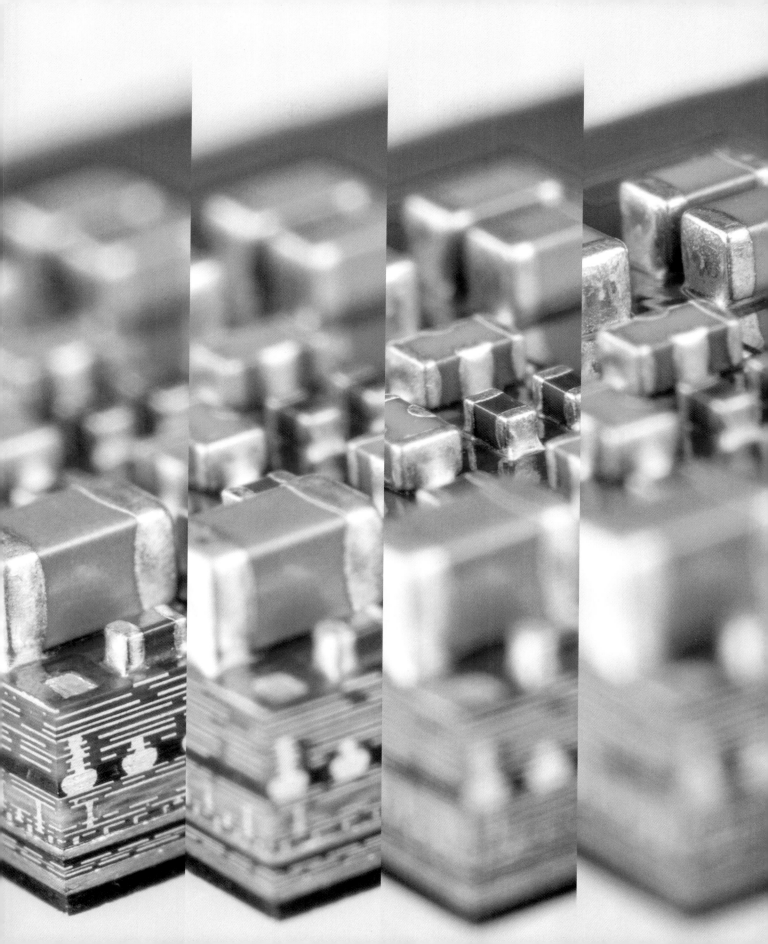

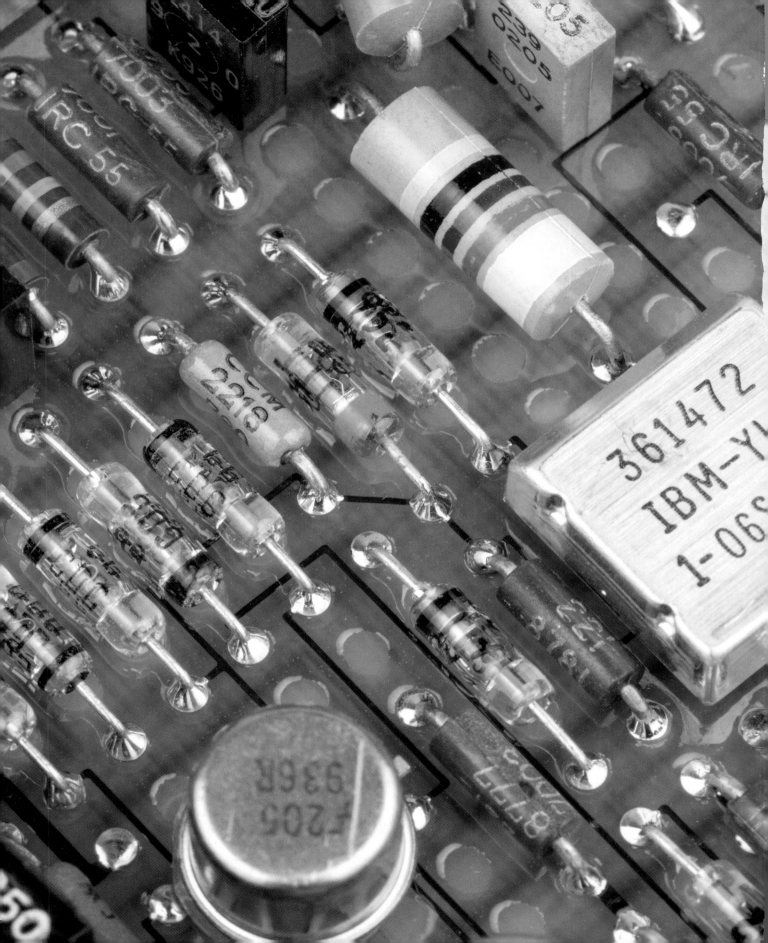